BESCHREIBUNG

DES

BERGREVIERS DEUTZ.

BEARBEITET

IM AUFTRAGE DES KÖNIGLICHEN OBERBERGAMTS ZU BONN

VON

EMIL BUFF,
KÖNIGLICHEM BERGRATH ZU DEUTZ.

BONN,
BEI ADOLPH MARCUS.
1882.

Während die seither erschienenen Beschreibungen von vier Bergrevieren des Oberbergamtsbezirks Bonn (Wetzlar, Weilburg, Daaden-Kirchen und Aachen) sich vorzugsweise mit dem Eisenerz- und Steinkohlenbergbau zu beschäftigen hatten, behandelt die vorliegende fünfte Publikation hauptsächlich einen nicht minder wichtigen Betriebszweig der Montanindustrie des Bezirks, den Zink- und Bleierzbergbau des Bergreviers Deutz. Eine Geschichte von bemerkenswerther Bedeutung hat dieser Bergbau zwar nicht aufzuweisen, wohl aber erfreut sich derselbe seit den fünfziger Jahren eines lebhaften Aufschwunges und liefert seitdem einen ansehnlichen Theil der Gesammtproduktion des Oberbergamtsbezirks an Zink- und Bleierzen.

Eine besondere Lagerstättenkarte ist diesmal der Revierbeschreibung nicht beigegeben, weil gleichzeitig mit derselben ein grösseres Kartenwerk erscheint, welches vorzüglich geeignet ist, neben dem Texte der Revierbeschreibung benutzt zu werden, und andererseits durch letztere in zweckmässiger Weise erläutert wird. Es ist dies die mit Unterstützung des Herrn Ministers der öffentlichen Arbeiten von dem Oberbergamte herausgegebene „Lagerstättenkarte des Bensberger Gangreviers" in sechs Blättern und einer Profiltafel im Maſsstabe von 1 zu 20000. Bonn 1882. Verlag von Adolph Marcus.

I. Umfang, Begrenzung und politische Eintheilung des Reviers.

Das zum Oberbergamtsbezirke Bonn gehörende, auf der rechten Rheinseite gelegene Bergrevier Deutz umfasst bei einem Flächenraume von 151831 Hektaren:

A. Im Regierungsbezirke Düsseldorf

1. von den Kreisen Düsseldorf und Mettmann diejenigen Theile, welche südlich der Strasse von Düsseldorf über Mettmann und Elberfeld-Barmen nach Rittershausen gelegen sind;
2. die Kreise Solingen und Lennep.

B. Im Regierungsbezirke Köln

3. den Kreis Wipperfürth mit Ausnahme des östlichsten Theiles desselben, welcher durch die Strasse von Rönsahl über Wipperfürth und Lindlar nach Engelskirchen und von hier durch die Agger bis Ehreshoven begrenzt wird;
4. die Bürgermeistereien Deutz und Kalk des Landkreises Köln;
5. den Kreis Mülheim mit Ausnahme des östlichsten Theiles desselben, welcher durch die Agger von Ehreshoven bis Overath und durch den Fahrweg von Overath über Ciriax und Lölsberg nach Windhausen begrenzt wird;
6. vom Kreise Sieg den Theil, welcher rechts der Sieg und des Brölbaches, sowie südwestlich und westlich des Fahrweges von Windhausen über Kuckenbach, Ingersaueler Mühle, Seelscheidt, Gute Mühle, Oberwennerscheidt und Wendemühle nach der Birkenfelder Schule sowie des Communalweges von letzterer über Hülscheid, Hasenbach, Broscheidt und Reifferscheidt nach Herrensteiner Brücke am Brölbache gelegen ist.

Das Revier Deutz wird hiernach in folgender Weise begrenzt:

Gegen Norden durch die Strasse von Düsseldorf über Mettmann und Elberfeld-Barmen bis Rittershausen;

gegen Nordosten und Osten durch die Grenze zwischen den Regierungsbezirken Düsseldorf und Köln gegen den Regierungsbezirk Arnsberg bis nördlich von Rönsahl, weiter durch die Chaussee von Rönsahl nach Wipperfürth und von dort durch die Chaussee über Lindlar nach Engelskirchen, von hier durch die Agger bis Overath, den Fahrweg von Overath über Wiedhausen, Seelscheidt, Birkenfelder Schule und Hasenbach nach Herrensteiner Brücke;

gegen Süden durch den Brölbach bis zu dessen Einfluss in die Sieg und sodann durch die Sieg bis zum Rhein;

gegen Westen durch den Rhein vom Einflusse der Sieg bis nach Düsseldorf.

II. Orographische und hydrographische Verhältnisse.

Von dem gesammten Flächenraume des Reviers gehört etwa ein Viertel der Thalebene des Rheins von dem unteren Laufe der Sieg bis Düsseldorf an, während etwa drei Viertel zu dem generell als rheinisch-westfälisches Schiefergebirge bezeichneten Gebirgssysteme mit seinem westlichen Abfalle zur Rheinebene gehören. Dieser letztere, als bergisches Land wohlbekannte Landstrich hat eine sehr wechselreiche, durch den Lauf einer Anzahl dem Rheine zufallender Flüsse und Bäche bedingte Oberflächengestaltung[1]).

Die südlichste Grenze des Reviers von Allner bis zu ihrer Mündung in den Rhein bei Mundorf bildend, ist zunächst die Sieg anzuführen. Sie durchfliesst grösstentheils die mit der Rheinebene verbundene Siegebene, und nur zwischen den Zuflüssen des Bröl- und des Wahnbaches treten die Höhenzüge mit theilweise steilen Gehängen an ihr nördliches Ufer heran.

Die Höhenlage der Ebene wird durch folgende Angaben, auf Normal-Null- oder den Nullpunkt des Amsterdamer Pegels bezogen, bestimmt: Bahnhof Hennef 67,8 m, Brücke bei Buisdorf, Bett der Sieg 53,59 m, Siegburg, Bahnhof 57,16 m, Mittel aus den Nullpunkten der Rheinpegel zu Bonn und Hersel, Mündung der Sieg 42,8 m.

Der bei Allner in einer Höhe von 68,8 m in die Sieg einmündende Brölbach, sowie der bei Seeligenthal einmündende Wahnbach gehören nur mit ihrem unteren Laufe dem Reviere an. Die Höhe des zwischen beiden von Drabenderhöhe in südlicher Richtung herabziehenden Rückens beträgt bei Wolperath 240,8 m und bei Happerschoss 212,1 m.

---

1) Die nachfolgende Schilderung ist im Wesentlichen dem ersten Bande der „Erläuterungen der Geologischen Karte der Rheinprovinz und der Provinz Westfalen“ von Dr. H. von Dechen, Bonn 1870, unter Umrechnung der Höhenangaben in Meter entnommen.

Von grösserer Bedeutung ist der nächste Zufluss der Sieg, die Agger, deren Wassergebiet einen grossen Theil des Reviers einnimmt. Von dem Gebirgsknotenpunkte südlich von Meinertzhagen, der Wasserscheide der Sieg, Ruhr und Wupper, herabkommend, erreicht die Agger bei Engelskirchen das Revier, von wo ab sie dasselbe in südwestlicher Richtung auf eine Länge von 37 Kilometer durchfliesst und zum Theil begrenzt. Das Gefälle derselben ist sehr gering, wie sich aus folgenden Zahlen ergiebt: Engelskirchen, Brücke über die Leppe 122,4 m, Ehreshoven, Brücke unterhalb 105,2 m, Overath, an der Kirche 90,6 m, Donrath, am Steg 63,9 m, Flussbett bei der Eisenbahnbrücke oberhalb Troisdorf, nahe an der Mündung in die Sieg 51,3 m. In ihrem oberen Laufe erhält die Agger in dem hierher gehörigen Gebiete nur kleine Bäche mit kurzem Laufe. Erst bei Kreuznaaf nimmt sie bei 66,2 m Höhe linksseitig den Naafbach mit dem Wenigerbache, dann rechtsseitig bei Pützrath die Sülze und weiter linkseitig den Jabach und den Auelsbach auf. Sie tritt hier aus dem Hügellande und durchfliesst bis zu ihrer Mündung die Ebene.

Von den genannten Zuflüssen hat die Sülze ein ansehnliches Gebiet. Durch den Zusammenfluss der Ahe und des Bennigrather Baches gebildet, welche wenig südlich von Wipperfürth an dem schmalen Scheiderücken gegen die Wupper entspringen, nimmt sie in ihrem südwestlichen und grösstentheils südlichen Laufe ausser zahlreichen kleineren Zuflüssen linksseitig den Olperbach, dann die Lindlarer Sülze mit dem Quabach, den Lennefer Bach, den Holzbach mit dem Dresbach und weiter unterhalb den Rothenbach und Brungsbach, rechtsseitig den Dürscheider Bach, Vollbach und Eschbach auf.

Die Höhenlage des Sülzethals bestimmt sich aus folgenden Zahlen: Weinbach, Höhepunkt der Strasse von Mülheim nach Wipperfürth, nahe den Quellen 269,9 m, Erlen 262,1 m, Zusammenfluss der Ahe und des Bennigrather Baches 209,8 m, Eichhof 153,3 m, Steeg (Einmündung des Lenneferbaches) 104,5 m, Immekeppel (Vollbach) 103,9 m, Altenbrück 94,8 m, Vollberg 86 m, Einmündung in die Agger 61 m.

Bei einer Länge von 36 Kilometer ist das Gefälle ziemlich das Dreifache desjenigen der Agger.

Die zwischen diesen Zuflüssen in der Richtung des Laufes derselben sich hinziehenden, grösstentheils flach gewölbten Bergrücken sind durch zahlreiche, mehr oder weniger tief eingeschnittene kleine Bäche durchschnitten. Dieselben haben folgende Höhen: der von Drabenderhöhe sich herabziehende Rücken zwischen dem Wahnbache und der Agger hat bei Oberste Zeith eine Höhe von 211,4 m und sinkt allmählich gegen die Ebene nach Süden hin, bei Braschoss 200,5 m, oberhalb Aulgasse 93,8 m. Südlich von demselben erheben sich ganz aus der Ebene, nahe am nördlichen Ufer der Sieg drei basaltische Kuppen, von denen die, welche die alte Siegburger Abtei trägt, die Höhe von 118,3 m erreicht.

Der Rücken zwischen der Agger und dem Lenneferbach sowie der unteren Sülze wird durch folgende Höhenangaben bestimmt: Höchster Punkt der Strasse von Lindlar nach Engelskirchen 298,8 m, Quelle des Lennefer-bachs 250,1 m, Lindlar, Kirche 226,4 m, Heiligenhaus, Strasse zwischen Altenbrück und Overath 217,6 m.

Die relative Höhe dieses letzten Punktes gegen die Sülze bei Altenbrück und die Agger bei Overath beträgt 122,8 bezw. 127 m.

Als wichtiger einzelner Rücken ist der langgestreckt an dem linken Ufer der Sülze zwischen Altenbrück und Vollberg sich hinziehende hohe Lüderich zu nennen, der eine Höhe von 261,65 m erreicht. Als markscheiderisch festgelegte Höhepunkte sind noch die tiefen Stollen der Grube Lüderich mit 92,6 m und der Grube Bergsegen mit 90,7 m anzuführen, ersterer am nördlichen, letzterer am südlichen Ende des Lüdericher Rückens[1]).

Der Rücken zwischen dem Lenneferbach und der Lindlarer Sülze, welche bei Hartegasse in einer Höhe von 184,5 m in das Revier eintritt, wird durch folgende Zahlen bestimmt: Höhenpunkt der Strasse von Lindlar nach Wipperfürth bei Altenlinde 239,7 m, Oberbergscheidt 244,2 m, Schmidtshöhe 211,1 m, Brombacherberg 179 m.

Von dem oberen Theile des Rückens zwischen Lindlarer Sülze und Sülze sind folgende Höhen bekannt: Höchster Punkt der Strasse von Lindlar nach Wipperfürth 359,6 m, Höhe östlich von Seidenfaden, südlich von Wipperfürth, nahe an dem Scheiderücken gegen die Wupper 345,3 m, Thier, Kirche 277 m.

Den ersten grösseren Gebirgsabschnitt nördlich von der Sieg bildet das Thal des Dhünnflusses, welcher in die Wupper etwa 2 Kilometer von deren Mündung in den Rhein fliesst und von hervortretendem Einflusse auf die Oberflächengestaltung ist. Der Rücken zwischen der nahe an dem Scheiderücken gegen die Wupper entspringenden Dhünn und der oberen Sülze hat eine Breite von kaum 4 km. In Folge des von Cürten aus südlichen Laufes der Sülze, sowie der unteren Agger und Sieg, während die Dhünn in westlicher, nur wenig gegen Süden abgelenkter Richtung verläuft, erbreitert sich der Raum zwischen der Mündung der Sieg und der Dhünn bis zu etwa 32 km. Der schmale Rücken zwischen der Dhünn und der oberen Sülze setzt in westlicher Richtung zwischen der Dhünn und dem bei Odenthal in dieselbe mündenden Scherfebache fort. Ein zweiter Rücken zweigt sich von demselben ab und zieht in südwestlicher Richtung über Heerweg und Eykamp zwischen dem Scherfebache und dem bei Mülheim in den Rhein mündenden Strunderbache, ein dritter Rücken, in nahezu südlicher Richtung über Spitze,

1) Zur Vergleichung sei hier bemerkt, dass die von zahlreichen Höhenpunkten sichtbaren Thürme des Kölner Domes in eine Höhe von 212,17 m über Normal-Null emporragen. (Domplattung 55,17 m, Spitze der Kreuzblumen der Thürme über derselben = 157 m.)

Herkenrath bis Bensberg verlaufend, bildet sodann die Wasserscheide zwischen Strunderbach und Sülze. Von diesen Hauptrücken fällt eine grosse Zahl kleinerer Bäche den genannten grösseren Thälern zu, zwischen denen sich flach gewölbte Bergrücken befinden. Die wichtigsten rechtsseitigen Zuflüsse der Sülze sind bereits genannt; dem Strunderbache gehen der Leer-, Hassel- und Asselborner Bach zu. Zwischen dem Strunderbache und der Sülze entsendet der westliche Gebirgsabfall eine Reihe von Bächen (Wahl-, Hölzer-, Bötscher-, Frankenforster-, Milchborn-, Fleh- und Bruchbach), die sich zu dem bei Mülheim in den Rhein fliessenden Faulbache vereinigen, und den Kartenwald- und Gieselsbach, welche nahe an dem Scheiderücken gegen die Sülze entspringen und in den Diluvialmassen der Ebene versiegen.

Der Strunderbach entspringt bei Oberstrunden in einer Höhe von 132,5 m so wasserreich, dass er sogleich eine Mühle treibt. Auf seinem kurzen Laufe von kaum 15 km bietet er mit seinem Gefälle (Brücke bei Buchheim 45,1 m) einer grossen Zahl gewerblicher Anlagen ausreichende Betriebskraft.

Die Höhenlage der Dhünn, welche etwas nordwestlich von den Quellen der Sülze in ungefähr gleicher Höhe entspringt, ergiebt sich aus folgenden Angaben über den tieferen Lauf: Kotten 164 m, Kesselsdhünn 140 m, Schlebusch, Brücke 61 m, Mündung der Wupper 35,7 m.

Die Höhe des Berglandes zwischen Sülze und Dhünn ergiebt sich aus nachstehenden Zahlen:

Zwischen dem oberen Laufe der Sülze und der Dhünn: Huthsherweg 253,3 m, Höhenpunkt der Strasse oberhalb Cürten 270,2 m, Neuensaal 263,4 m.

Zwischen Sülze und Dürscheiderbach: Biesfeld 224,4 m, Dürscheid 165,3 m.

Zwischen Dürscheider- und Scherfebach: Herweg 243,9 m, Blissenbach 212,1 m, Spitze 201,4 m.

Zwischen Sülze und Strunderbach: Ball 239,7 m, Auf der Horst 222,8 m, Hackberg 194,5 m, Bensberg, Schlosshof 179,6 m, Höhenpunkt der Strasse von Bensberg nach Eschbach, zwischen Sülze und Hölzerbach 185,1 m.

Durch markscheiderische Nivellements sind noch folgende Höhen bestimmt: Bartholdschacht der Grube Blücher auf der Hardt 217,8 m, Napoleonstollen dieser Grube 152,8 m, Wetterschacht der Grube cons. Weiss bei Steinacker, auf dem linken Gehänge des Eschbachs 217,7 m, Stollen der Grube Leopold von Buch, an dem rechten Gehänge des Eschbachs 154,4, Stollen der Grube Apfel am linken Gehänge des Vollbachs 131,3 m, Stollen der Grube Columbus im Kotzbachthale (Zufluss des Vollbachs) 141,1 m.

Der östliche Rand der in einer Breite von 8 bis 12 km sich zwischen dem Rheine und dem westlichen Gebirgsabfalle ausbreitenden Ebene in dem besprochenen Abschnitte hat folgende Höhen: Bensberg, Bahnhof 106,21 m, Bergisch-Gladbach, Bahnhof 87,7 m, Schlebusch, Brücke über die Dhünn 61 m.

Die in der Rheinebene liegende Deutz-Giessener und Köln-Düsseldorfer

Eisenbahnen bezeichnen die Höhenlage der Ebene: Troisdorf, Bahnhof 57,5 m, Spich 55,2 m, Wahn, Bahnhof 51,6 m, Deutz, Bahnhof 44,7 m, Mülheim, Bahnhof 47,9 m, Küppersteg, Bahnhof 45,7 m, Schlebusch, Bahnhof (Bergisch-Märkische Eisenbahn) 51,4 m.

Ausserdem sind anzuführen [1]): Nullpunkt des Rheinpegels an der Schiffbrücke bei Köln 35,943 m, Nivellements-Bolzen der Königlich Preussischen Landesaufnahme Nr. 5298, dicht vor Mülheim a. Rhein 45,356 m.

Zu dem Gebiete des bedeutendsten Flusses des Reviers, der Wupper, übergehend, ist zunächst zu bemerken, dass dieselbe etwa 6 km westlich von ihren Quellen oberhalb Klüppelberg in das Revier eintritt und dasselbe in zahllosen mäandrischen Krümmungen auf eine Länge von 92 km durchfliesst, bezw. streckenweise begrenzt. Die Richtung des Laufes ist im oberen Theile bis nahe bei Hückeswagen ziemlich westlich, dann bis Beienburg nördlich, von hier bis Rittershausen nordwestlich, dann bis unterhalb Sonnborn südwestlich, bis Burg südlich, dann wieder westlich bis Nesselrath und endlich südlich bis zu ihrer Mündung in den Rhein oberhalb Rheindorf.

Die Höhenlage des Thales wird bezeichnet durch folgende Angaben: Brücke bei Leiersmühle oberhalb Wipperfürth 271,5 m, Wipperfürth, Einschnitt der Strassen von Mülheim und Gummersbach 266,3 m, Hückeswagen, Brücke, mittlerer Wasserstand 251,4 m, Beienburg, Brücke, mittlerer Wasserstand 201,4 m, Rittershausen, Oberwasser 157,8, Barmen, Wasserspiegel 154,9 m, Elberfeld, in der Kluse, Wasserspiegel 141,9 m, Elberfeld, Brücke an der Brill, Hochwasser 141,3 m, Grotenbeck, unterhalb Sonnborn, Bett der Wupper 126,6 m, Burg, Wasserstand an der Einmündung des Burgerbachs 92,5 m, Nesselrath 64,3 m, Leichlingen, Bett der Wupper 54,2 m, Opladen, Brücke 52,3 m, Mündung in den Rhein 35,7 m.

Die auf der rechten Wupperseite gelegenen Theile der Kreise Wipperfürth und Lennep erreichen mit ihren östlichen Grenzen zum grössten Theile nicht die Höhe des Scheiderückens gegen die Ennepe. Nur der nordöstliche Theil des Kreises Lennep senkt sich bis zur Ennepe herab und greift hier in das Wassergebiet der Ruhr ein. Von dem Scheiderücken gegen die Ennepe fallen der Wupper in zum Theil tief eingeschnittenen Thälern die Kierspe, die Hönnige, die Neye, die Bewer, der Wiebach und die Uelle zu. Die Höhenlage dieses Theiles wird durch folgende Angaben bestimmt: Am Anschlag, Strasse von Wipperfürth nach Halver 401,5 m, Kupferberg im Hönnigethal 326,4 m, Wasserfuhr 304,3 m, Höhenpunkt der Strasse zwischen vorm Holte und Rade vorm Walde 384,3 m, Hippenhäuschen, Grenze der Kreise Lennep und Hagen 415 m, Remlingrade 308,2 m.

Auf der linken Seite der oberen Wupper setzt der Scheiderücken gegen die Sülze nordwestlich und westlich fort und vereinigt sich dann mit den

1) Müller-Köpen, Die Höhenbestimmungen der Königlich Preussischen Landesaufnahme. Berlin 1880. Heft 1. Seite 24 und 21.

Höhenzügen, die einerseits zwischen den rechtsseitigen Zuflüssen der Dhünn, von denen die kleine Dhünn und der Eifgenbach zu nennen sind, sowie zwischen dem Eifgenbache und dem bei Burg in die Wupper fliessenden Burgerbache in südwestlicher Richtung nach der Dhünn und der unteren Wupper hin sich einsenken, andererseits gegen Norden durch einen schmalen Rücken mit der auf drei Seiten von Hückeswagen bis Burg von der Wupper umflossenen und südlich durch den westlich fliessenden Burgerbach und die östlich abfliessende Dörpe begrenzten Hochfläche von Remscheid zusammenhängen. In dieser, in ihren Umrissen so charakteristisch hervortretenden Hochfläche lassen sich mehrere Rücken unterscheiden, welche in geringer Entfernung von den begrenzenden Flussthälern mit steilem Abfalle nach diesen in der wechselnden Richtung derselben sich hinziehen. Der erste zieht von Born, wo er mit den Höhen der Dhünn in Verbindung steht, über Lennep nach Beienburg, der zweite von Lennep nach Lichterplatz bei Ronsdorf, der dritte von Lichterplatz nach Kronenberg, ein vierter endlich von Lennep bis westlich von Remscheid. Die Rücken entsenden zur Wupper und dem Burgerbache nur kurzläufige, im unteren Theile tief eingeschnittene Bäche, nach Norden den Herbringhauser-, Marscheider- und Blombach, nach Westen den Schwalbhauserbach, nach Süden den Lobach. Mehrere auf der Hochfläche zwischen den Höhenrücken entspringende und zum Morsbache, der bei Müngsten in die Wupper fällt, sich vereinigende Bäche bewirken tiefe Thaleinschnitte, deren Abhänge bis zu den Höhenpunkten der Rücken steil ansteigen.

Folgende Höhenangaben vervollständigen das Bild des Berglandes zwischen Dhünn und Wupper.

Von der Wasserscheide zwischen Dhünn und Wupper bezw. deren östlichen und westlichen Zuflüssen des Dörpe- und Burgerbaches bei Born ausgehend, deren höchster Punkt bei der Barriere am Born 331,9 m hat, zeigt der sich südwestlich einsenkende Rücken zwischen dem Burger- und Eifgenbache folgenden Verlauf: Höchster Punkt zwischen Wermelskirchen und Preiersmühle 309,9 m, Wermelskirchen 296,2 m, Neuenhaus 232,2 m, Strasserhof 199,7 m, Höhe zwischen Vogelsang und Fettehenne 141,3 m, Schlebusch, Brücke 61 m.

Der Rücken tritt nahe an den Eifgenbach mit steilem Abfalle heran, nach der Wupper hin unterhalb der Mündung des Burgerbaches wird er breit und, sich flach westlich einsenkend, durch mehrere westlich verlaufende Thaleinschnitte (Buscherhöfer-, Balken-, Wiembach) getheilt.

Rücken zwischen Eifgenbach und kleine Dhünn: Kreutzkopf, zwischen Zuflüssen zum Eifgenbach 292,3 m, Habenichts 304,3 m, An der Sonne 267,3 m, zwischen Sonne und Dabringhausen 283,2 m, Dabringhausen 240,4 m, Dhünn, im oberen Theile der kleinen Dhünn 220 m.

Zwischen der kleinen Dhünn und dem bei Altenhammer in die Dhünn mündenden Bache: Halkenberg 254,6 m.

Höhenzüge der Remscheider Hochfläche:

Rücken von Born über Lennep nach Beienburg: Bornfeld, an der Strasse nach Hückeswagen 330 m, Jägerhaus 342,7 m, Lennep, Bahnhof 334,7 m, Obergrünewald 345 m, zwischen Ober- und Nieder-Sondern 306,6 m.

Höhenlinie von Lennep über Ronsdorf bis Lichterplatz: Lüttringhausen, Bahnhof 312,5 m, Ronsdorf, Bahnhof 295,2 m, Höhenpunkt der Strasse nach Barmen 346,6 m, Lichterplatz 343,7 m.

Rücken von Lichterplatz nach Kronenberg: Trübsal, an der Strasse 322,2 m, Kindlingshäuschen, Höhenpunkt der Strasse 341,4 m.

Rücken von Lennep bis westlich von Remscheid, zwischen Burger- und Morsbach: Hohenhagen 378,1 m, Remscheid, Abgang der Strasse nach Müngsten 343,3 m, Remscheid, Bahnhof 303,4 m, Holscheidsberg bei Remscheid 365,4 m, Scheiderhöhe bei Remscheid 380,7 m, Schüttendelle 309,2 m, Müngsten, Flussbett an der Brücke 100,4 m, Ehringhausen, zwischen Lobach und Burgerbach 325,1 m, Bliedinghausen 272,8 m.

Der nächste Terrainabschnitt geht von dem Laufe der Wupper von Sonnborn bis zur Mündung bis zu der bei Düsseldorf in den Rhein mündenden Düssel. Der Scheiderücken an der rechten Seite der Wupper, der zwischen Vohwinkel und Gräfrath den Knotenpunkt zwischen Wupper, Düssel und Itter bildet, zieht sich südlich bis Mangenberg, dann südwestlich, sich allmählich einsenkend und zwischen dem über Hackhausen bei Benrath in den Rhein fliessenden Mühlbache, mehreren bei Nesselrath in die Wupper fliessenden Bächen und dem unteren Laufe der Wupper sich erbreiternd und in einen niedrigen Sandrücken bis gegen Opladen verlaufend. Zwischen dem Mühl-, Itter-, Eselsbache und der Düssel fallen flach gewölbte Rücken mit geringer Neigung der Ebene zu, am weitesten gegen Westen zwischen Eselsbach und Düssel bis über Hochdahl hin sich erstreckend.

Die Höhen des Scheiderückens sind folgende: Vohwinkel, Bahnhof 171,7 m, Mangenberg 223,5 m, Solingen 224,1 m, Windfeln, Höhenpunkt der Strasse von Solingen nach Müngsten 225,7 m, Trennung der Strassen von Solingen nach Müngsten und nach Burg 252,7 m.

Die westliche Einsenkung der Hügelrücken ergiebt sich aus folgenden Angaben: Zwischen Wupper und Mühlbach Leichlingen, Bahnhof 83,2 m, Trennung der Strasse von Langenfeld nach Solingen und nach Wald 93,2 m, zwischen Mühl- und Itterbach Ohligswald, Bahnhof 112,6 m, zwischen Itter- und Eselsbach Haan 133,8 m, zwischen Eselsbach und Düssel Haan, Bahnhof 154,8 m, Hochdahl, Bahnhof 135,5 m.

Die Rheinebene wird in ihrer Höhenlage durch folgende Angaben bestimmt: Bahnhof Küppersteg 45,7 m, Bahnhof Langenfeld 45,5 m, Bahnhof Benrath 42,8 m, Bahnhof Düsseldorf 36,2 m, Nullpunkt des Rheinpegels an der Kaimauer neben der Schiffbrücke daselbst 26,519 m [1]).

1) Müller-Köpen a. a. O. Seite 20.

Es erübrigt noch, den Lauf der Düssel und den kleinen, nördlich derselben bis an die Strasse von Düsseldorf nach Elberfeld gelegenen Theil des Reviers zu erwähnen.

Die Düssel, welche in einer Höhe von 235,5 m entspringt, tritt bei Hahnenfurth in einer Höhenlage von 136 m in das Revier. Von ihrem weiteren Laufe sind folgende Punkte anzuführen: Anfang des Neanderthals, Bett der Düssel 71,4 m, Erkrath, Bahnhof 53,9 m, Mündung im Schlossgarten zu Düsseldorf 28,9 m. Sie erhält an Zuflüssen linksseitig den bereits oben erwähnten Eselsbach und bei Gruiten den Obergruitenerbach, rechtsseitig den von Mettmann kommenden Bach.

Die vorher schon erwähnte Scheide zwischen Düssel und Wupper zieht sich von der Höhe zwischen Vohwinkel und Gräfrath nördlich und erreicht bald westlich von Elberfeld die die Reviergrenze bildende Strasse. Der Hügelzug an der rechten Seite der Düssel, dessen einzelne flache Rücken sich nach dieser hin einsenken, tritt gegen Westen bedeutend vor und nähert sich dem Rheine bis auf 4 km.

Es bleiben hier noch folgende Höhen anzuführen: Höhe östlich von Krutscheid (Osterholz), Scheide zwischen Wupper und Düssel 183,5 m, Wiedenerhäuschen, an der Strasse 179,6 m, Dornap, Bahnhof 179,9 m, Mettmann 127 m, Kaisersburg 65,3 m, Spitze des Grafenbergs, westlichster Vorsprung des Höhenzuges 99,7 m.

Ein Rückblick auf die vorstehend geschilderte Oberflächengestaltung zeigt, dass das Rheinthal sich von der Mündung der Sieg bis Düsseldorf gegen Norden um 16 m einsenkt, dass aber andererseits die Höhenlage des nördlichen Reviertheils beträchtlich höher ist, als die des südlichen Theiles. Es ergiebt sich dies bei gleicher östlicher Entfernung von dem Rheine sowohl aus der Lage der Flussthäler — die Wupper bei Elberfeld liegt 54 m höher als die Agger bei Overath, — als auch aus den Höhen der Bergrücken, — der höchste Punkt der Remscheider Hochfläche liegt 119 m höher, als der höchste Gipfel des Lüderich zwischen Sülze und Agger.

III. Geognostische Verhältnisse.

Das ganze Gebirgsland bis zu dem Rande der Rheinebene mit den einzelnen in diese vorspringenden Rücken besteht aus den Schichten des Mitteldevons, dem Lenneschiefer und dem Elberfelder Kalkstein. Die an dem nördlichen Rande des rheinisch-westfälischen Schiefergebirges weit verbreiteten Schichten des Oberdevons nehmen in unserem Gebiete nur einen kleinen Theil der Oberfläche ein. Die folgenden Formationen bis zur Tertiärformation fehlen gänzlich. Diese tritt sporadisch und in geringer räumlicher Ausdehnung unter dem Saume von Diluvialablagerungen von wechselnder Breite, der den westlichen Rand des Gebirges begleitet, zu Tage. Die Rheinebene ist erfüllt von den jüngsten alluvialen Ablagerungen. In dem südlichsten Theile des Reviers treten endlich in isolirten Partieen vulkanische und in dem östlichen Winkel plutonische Gesteine auf.

1. Mitteldevon.

Lenneschiefer.

Den bei weitem grössten Antheil an der Zusammensetzung des Gebirgslandes haben die Schichten des unteren Gliedes des Mitteldevons, die des Lenneschiefers. Derselbe besteht aus wechselnden Schichten von thonig-sandigen Gesteinen in den mannigfaltigsten Modifikationen und Uebergängen von Thonschiefer zu Sandstein.

Der Thonschiefer bildet wenig mächtige Schichten, hat eine dunkel blaugraue Farbe, zeigt meistens deutliche und sehr häufig abweichende Schieferung. Eine Abänderung von schmutzig grüner und rother Farbe, meistens gefleckt, ohne Schieferung, ist namentlich in der Gegend von Bensberg verbreitet und bei allen Grubenbetrieben aufgeschlossen worden. Zuweilen finden sich Schichten mit grösserem Bitumengehalte und dünnen Anthrazitschmitzchen zwischen den Schieferlagen (bei Burg a. d. Wupper, bei Remscheid, im Dhünnthale, auf der Grube Washington bei Bensberg). Bituminöse Schiefer mit Ausscheidungen von Schwefelkies kommen im unteren Dhünnthale vor. Die Thonschiefer zerfallen leicht unter dem Einflusse der Atmosphärilien in theils ebenflächige, theils unregelmässige Bruchstücke und bei weiter gehender Zersetzung in zähe, lettenartige Massen.

Durch Aufnahme von Quarzkörnern und Glimmer geht der Thonschiefer in das am weitesten verbreitete Gestein, den Grauwackenschiefer, über. Derselbe ist meistens von lichteren Farben, graubraun, graublau, theils mit deutlicher, theils mit undeutlicher, nicht selten auch abweichender Schieferung. Er ist der Regel nach reich an Glimmer, der sich in weissen Blättchen auf den Schichtungsfugen zeigt. An der Luft nimmt er bald eine rostig-braune Farbe an und zerfällt in kleine Bruchstücke; selten sind wetterbeständige, zu Bauzwecken verwendbare Schichten.

Nördlich der Dhünn ist eine Abänderung verbreitet, welche in unregelmässigen, meist krummflächigen Schichten ansteht, ohne deutliche Schieferung und von licht grünlichgrauer und gelber, sowie von schmutzigrother Farbe ist. Aehnliche Schiefer finden sich in dem Osterholze, nördlich von Vohwinkel. Es sind undeutlich geschichtete, grösstentheils dicke Bänke mit meist krummen Schichtungsflächen und häufigen, kugeligen und schaaligen Absonderungen, von hellgrauer und grünlichgrauer Farbe.

Die Grauwackensandsteine sind in Schichten verschiedener Mächtigkeit und Anzahl zwischen den Schieferschichten eingelagert, so dass in den verschiedenen Zonen bald das eine, bald das andere Gestein das vorherrschende ist. Meistens ist das Gestein von graubrauner Farbe, zuweilen dunkel blaugrau, der Regel nach dicht bis feinkörnig, zuweilen grobkörnig, der Glimmergehalt ist sehr verschieden. Es ist der Verwitterung in mehr oder weniger hohem Grade unterworfen, so dass zu baulichen Zwecken geeignete Schichten selten sind; es finden sich solche namentlich in dem nördlichen Reviertheile in der Umgegend von Remscheid und an der Wupper. Feinkörnige, zu den verschiedenen Steinhauerarbeiten verwendbare Sandsteine werden in der Gegend von Lindlar in zahlreichen Brüchen gewonnen. In Folge der geringen mineralogischen Verschiedenheit gehen Sandstein und Schiefer häufig in einander über, die Schichten keilen aus und bilden wohl linsenförmige Einlagerungen.

Geringere Verbreitung haben die eigentlichen Sandsteine, theils mit wenig kieseligem Bindemittel und lockerem Gefüge, theils mit grösserem kieseligem Bindemittel und dann in verschiedenen Graden fest.

Conglomerate bilden in der Gegend von Remscheid, bei Opladen, in dem Hönnigethale unterhalb Kupferberg einzelne Lagen im Lenneschiefer. Nach von Dechen (Orographisch-Geognostische Uebersicht des Regierungsbezirkes Düsseldorf, und Sitzungsberichte der Niederrheinischen Gesellschaft S. 66 in den Verhandlungen des Naturhistorischen Vereins der Preussischen Rheinlande und Westfalens. 1881) hat das Conglomerat, welches in der Umgegend von Remscheid an der Strasse nach Lennep, am Anfange des Moggethales und an der Strasse nach Schüttendelle auftritt, ein sandiges Bindemittel von grauer, bisweilen rother Farbe, in dem Quarzgeschiebe von Erbsen- bis Nussgrösse liegen. Aehnlich ist das Conglomerat, welches an der Ostseite der Strasse von Opladen nach Reussrath „an der Heck“ in einem grossen Steinbruche aufgeschlossen ist. In dem dunkel grünlichgrauen quarzigen Bindemittel liegen Geschiebe von weissem Quarz, Quarzit und schwarzem dichtem Hornstein von einer bis mehreren Linien Durchmesser; das Conglomerat wechselt in Lagen von 1 bis 1,3 m Mächtigkeit mit grobkörnigem Sandstein und Thonschiefer ab. Sehr grobkörnig ist das Conglomerat, welches eine Lage von 2,5 bis 3,1 m Stärke oberhalb Haus Nesselrath bildet.

Blöcke festen Conglomerates, welche 1 bis 1,5 m in Länge und Breite erreichen, finden sich an der Oberfläche verbreitet im Holscheidsberg bei Remscheid; sie sind die Reste der in der Nähe auftretenden, an der Oberfläche durch Verwitterung zerstörten Gebirgsschichten.

Endlich finden sich eingelagert zwischen Grauwackenschiefer und Sandstein einzelne Kalksteinschichten von geringer Mächtigkeit; so im Sülzethale oberhalb Obersteeg bis Eichhof, im Dhünnthale oberhalb Odenthal, südlich des Wupperthals bei Elberfeld. Die Kalksteine haben durchgängig einen bedeutenden Thonerdegehalt, sie verwittern leicht; dem Anscheine nach halten sie nicht regelmässig aus, sondern gehen in Schiefer über.

Versteinerungen sind häufig in den Sandsteinen der Gegend von Lindlar, wo Steinkerne von Pterinaeen, Brachiopoden und Crinoideen in einzelnen Schichten sich angehäuft finden; undeutliche Steinkerne von Spir. cultrijugatus kommen in der Gegend von Born vor. Sonst finden sich nur undeutliche Spuren und zuweilen nicht bestimmbare Pflanzenabdrücke (Lüderich). In den Kalksteinschichten im Sülzethale finden sich neben Crinoideenresten kleine, haselnussgrosse Stringocephalen.

Elberfelder Kalkstein.

Die obere Abtheilung des Mitteldevons tritt in zwei getrennten Partieen auf, bei Bergisch-Gladbach und von Rittershausen über Barmen, Elberfeld bis Hochdahl, hier als der westlichste Theil des grossen Kalksteinzuges an der nördlichen Grenze des rheinisch-westfälischen Schiefergebirges. Es ist eine Reihenfolge von Kalksteinschichten mit einzelnen, zwischengelagerten Schieferschichten. Die Schichten haben theils eine Mächtigkeit von wenigen Centimetern bis zu einem Meter und darüber; theils werden sie so mächtig, dass die Schichtung nicht wahrgenommen werden kann, und dieses massige Vorkommen ist sehr häufig. In den reinsten Varietäten, welche bis zu 99 Prozent kohlensaurer Kalkerde enthalten, ist der Kalkstein meist von dunkel blaugrauer Farbe, feinkörnig bis dicht, von unebenem, in's Splittrige übergehendem Bruche. Verunreinigt wird er häufig durch Thonerde, wodurch ein mergeliges Gestein entsteht. Durch Aufnahme eines grösseren Gehalts an kohlensaurer Magnesia geht der Kalkstein in Dolomit über, der meistens mit unregelmässiger Begrenzung gegen den Kalkstein und mit allmählichem Uebergange in denselben in der Nähe der Oberfläche oder an Klüften des Kalksteins in mehr oder weniger mächtigen Partieen als Umwandlungsprodukt desselben erscheint. Selten bildet er ganze Schichten, so unterhalb Gruiten im Düsselthale.

Der Kalkstein ist häufig von Kalkspathadern durchzogen, zeigt wohl bunte Färbung, wird politurfähig und als Marmor verwendbar (Neanderthal)[1]). In seiner ganzen Verbreitung wird er in zahlreichen Brüchen gewonnen und theils als Baumaterial oder Zuschlag zu den westfälischen und rheinischen Hohöfen roh verfahren, theils zu Kalk gebrannt.

Der Kalkstein wird von sehr zahlreichen Klüften durchsetzt, welche

1) In der neuesten Zeit ist Strontianit in schmalen Schnürchen in dem Kalksteine bei Bergisch-Gladbach gefunden worden.

sich häufig zu Schlotten und höhlenartig erweitern und theils offen, theils mit diluvialem oder tertiärem Sand oder Lehm angefüllt sind. (Feldhofer Grotte, Teufelskammer im Neanderthale, kleinere Schlotten bei Bergisch-Gladbach.)

Versteinerungen sind in den Kalksteinen sehr häufig. Einzelne Schichten bestehen ganz aus Korallen; dabei finden sich zahlreiche Mollusken, namentlich Brachiopoden und Gasteropoden. Die zahlreichen Kalksteinbrüche bei Bergisch-Gladbach sind bekannte Fundgruben für wohl erhaltene Petrefakten. Nach Prof. Dr. Ferd. Römer, Prof. Dr. Cl. Schlüter, Dr. G. Meyer, Dr. A. Bargatzky sind folgende Gattungen und Arten gefunden worden:

Zoophyta. Stromatopora polymorpha, concentrica, papillosa, verrucosa, Benthii, astroites, Darlingtoniensis; Heliolites porosa; Diapora laminata; Caunopora placenta, Hypschii, Bücheliensis; Parallelopora ostiolata, stellaris, Goldfussii; Aulopora conglomerata, serpens, spicata, tubaeformis, repens; Cyathophyllum ceratites, caespitosum, flexuosum, hexagonum, marginatum, quadrigeminum, vermiculare, dianthus, radicans; Syringopora caespitosa; Calamopora infundibuliformis, polymorpha, spongites, Goldfussii, reticulata; Cystiphyllum vesiculosum; Calophyllum paucitabulatum.

Brachiopoda. Uncites gryphus; Spirifer aperturatus, cheiropteryx, mediotextus, ostiolatus, simplex, striatulus, undiferus, hians, Urii, canaliferus; Orthis macroptera; Terebratula caiqua, concentrica, prisca, primipilaris, pugnus, scalprum, Voltzii; Stringocephalus Burtini; Productus spinulosus, subaculeatus; Pentamerus galeatus; Leptaena latissima; Lingula.

Acephala. Pecten Hasbachii; Avicula Goldfussii; Megalodon alutaceus, auriculatus, carinatus, cucullatus, concentricus, oblongus, rhomboideus, truncatus; Arca Michelini; Nucula fornicata, prisca; Cardium aliforme, loricatum; Lucina antiqua, proavia; Pholadomya Münsteri.

Gasteropoda. Buccinum arculatum; Murchisonia angulata, bilineata, binodosa; Trochus Ivanii; Pleurotomaria delphinuloides, exaltata, limbata; Cinnus Leonhardii; Euomphalus annulatus, Labadyei, laevis, planorbis, gualteriatus, serpula, trigonalis; Rotella helicinaeformis; Natica margaritifera, subcostata; Patella primigenia.

Cephalopoda. Goniatites Höninghausii; Orthoceratites anguliferus, subpyriformis; Cyrtoceratites depressus, lamellosus, multistriatus, ornatus.

Aus den Kalksteinen des Wupperthales führt von Dechen [1]) folgende Versteinerungen auf: Alveolites suborbicularis; Favosites reticulata, polymorpha, cervicornis, dubia, Gothlandica, Goldfussi; Stromatopora polymorpha; Aulopora repens; Porites pyriformis; Cyathophyllum quadrigeminum, caespitosum, ceratites; Fenestella infundibuliformis; Platycrinus granifer; Cte-

1) Dr. H. von Dechen: Orographisch-geognostische Uebersicht des Regierungsbezirkes Düsseldorf. Iserlohn, 1864.

nocrinus stellaris; Terebratula prisca, primipilaris; Spirigera concentrica; Stringocephalus Burtini; Uncites gryphus; Pentamerus galeatus; Spirifer octiolatus, speciosus, aperturatus; Orthis umbraculum; Leptaena depressa; Lucina proavia; Megalodon cucullatum; Macrocheilus arculatus; Murchisonia bilineata; Euomphalus Dionysii, serpula; Phacops latifrons; Bronteus Flabellifer.

C. Cornelius [1]) nennt ausserdem noch die Gattung Buccinum.

Lagerungsverhältnisse des Mitteldevons.

Die Kalksteinpartie von Bergisch-Gladbach verbreitet sich in Form eines Dreiecks, dessen Spitze östlich von Dürscheid in einer Höhe von 220 m liegt, in westlicher Richtung von zahlreichen Partieen diluvialer Ablagerungen bedeckt ist und sich allmählich gegen die Ebene hin einsenkt. In einer Linie von Bensberg über Bergisch-Gladbach beträgt die Breite der Kalksteinpartie etwa 5000 m. Westlich dieser Linie tritt der Kalkstein unter der Bedeckung von Diluvialmassen und Tertiärschichten nur noch in einzelnen isolirten Partieen zu Tage. Die grösste Breite zwischen diesen in einer Linie von Lustheide über Hand beträgt 7000 m. Die weitere westliche Verbreitung der Kalksteinschichten ist nur noch in einzelnen Brunnen des Dorfes Lustheide bekannt.

An der nördlichen Grenze zeigen die Kalkstein- und Lenneschieferschichten ein gleichmässiges südliches Einfallen. An dem Südrande der Kalksteinpartie ist mehrfach ein nördliches Einfallen zu beobachten, so bei Breitscheid, Knoppenbissen, auf der Grube Catharina, und wenn auch an einzelnen Stellen das Einfallen des Lenneschiefers ganz nahe an der Kalksteingrenze südlich ist (Gruben Selma, Bertha, Blücher), so kann es doch nicht zweifelhaft sein, dass die Kalksteinpartie eine dem Lenneschiefer conform eingelagerte Mulde bildet, deren Mitte etwa durch das Strunderthal bezeichnet wird. Nach den Untersuchungen von Dr. G. Meyer [2]) sind in dieser Mulde mehrere in Stunde 4 bis 5, der generellen Schichtenrichtung conform streichende Faltungen zu unterscheiden, nördlich des Strunderthals zwei Sattelbildungen, eine zwischen Torringen und Seelscheid, wo ein Lenneschiefersattel zu Tage tritt, die zweite im Schladethal, südlich des Strunderthals eine Antiklinale, von Schmitzheide bis Dürscheid verlaufend, und eine Synklinale zwischen Steinbreche und der südlichen Kalksteingrenze. Eine bedeutende Einsenkung des Kalksteins tritt westlich von Bergisch-Gladbach deutlich hervor; nördlich des Strunderthales stehen die Kalksteinschichten an, südlich desselben sind tertiäre Schichten in grosser Mächtigkeit abgelagert.

Dr. G. Meyer trennt nach den stratigraphischen Verhältnissen und den

---

1) Verhandlungen des naturhistorischen Vereins etc. 1878.

2) Georg Meyer: Der mitteldevonische Kalk von Paffrath. Inaugural-Dissertation. Bonn, 1879.

Versteinerungen die Schichtenfolge in drei Abtheilungen, den oberen Kalk von Paffrath mit den Hombacher- oder Lingula-Schichten und den Gladbacher- oder Hians-Schichten, den mittleren Kalk von Paffrath, mit den Bücheler- oder Uncites-Schichten, und den unteren Kalk von Paffrath mit den Torringer- oder Quadrigeminum-Schichten und den Refrather- oder Hexagonum-Schichten.

Die weitere östliche Fortsetzung der Kalksteinmulde wird durch einige muldenförmige Auflagerungen von Kalksteinschichten, so bei Scheurenhof, angedeutet. Nördlich der Kalksteinmulde finden sich einzelne isolirte Kalksteinpartieen bei Odenthal und östlich von Borsbach, und das bereits erwähnte streckenweise südliche Einfallen des Lenneschiefers an der südlichen Kalksteingrenze scheint darauf hinzuweisen, dass die Kalksteinschichten sich auch gegen Süden weiter verbreitet haben und durch Zerstörung und Fortspülen derselben hier der entsprechende Lenneschiefer-Sattelflügel zu Tage tritt.

Die Lenneschieferschichten am nördlichen Rande der Kalksteinmulde haben ein ziemlich steiles, südliches Einfallen, das bis zum Dhünnthale anhält. Nördlich desselben ist oberhalb der Einmündung des Eifgenbaches ein Sattel zu beobachten. Ein weiterer Sattel bildet den Rücken, auf dem Wermelskirchen liegt, und zwischen Lüttringhausen und Ronsdorf setzt wiederum eine Antiklinale durch. Nördlich von Ronsdorf folgt nochmals ein Sattel; dann senken sich die Schichten allmählich mit nördlichem Einfallen, das nur durch einige flache Erhebungen unterbrochen wird, zum Wupperthale hin ein und unterteufen hier die Schichten des Elberfelder Kalksteins, welche das Wupperthal zwischen Rittershausen und Sonnborn in einer Breite von 1300 m erfüllen und gegen Norden ausserhalb unseres Bezirkes von den oberdevonischen Schichten überlagert werden.

In dem Wupperthale springen zwei sattelförmige Erhebungen des Lenneschiefers, die Hardt zwischen Barmen und Elberfeld und der Nutzenberg, westlich von Elberfeld, gegen Norden vor. Im weiteren Verlaufe gegen Westen wird der Kalkstein durch die 7500 m lange Schieferpartie des Osterholzes in zwei Züge getheilt. Die Schichten des nördlichen Zuges über Dornap, Schöller, Gruiten haben nördliches Einfallen, sie werden von den Schichten des Osterholzes unterteuft. Das Osterholz ist somit eine weitere sattelförmige Erhebung des Lenneschiefers, an deren nördlichen Seite der Elberfelder Kalkstein mit nördlichem Einfallen unter die oberdevonischen Schichten einschiebt, während er an der Südseite von Vohwinkel bis an die Düssel unterhalb Gruiten eine grösstentheils von diluvialen und tertiären Ablagerungen bedeckte Mulde bildet.

Südlich von Gruiten vereinigen sich beide Züge. Weiter gegen Westen erscheint der Kalkstein nur in einzelnen Partieen unter den überdeckenden Diluvialmassen des Rheinthals und sodann in mächtiger Entwickelung, aber geringer Ausdehnung an der Oberfläche im Düsselthale oberhalb Erkrath mit östlichem und südlichem Einfallen. In seiner weiteren Verbreitung gegen

Norden über Mettmann nach Wülfrath tritt er nur in einzelnen Partieen zu Tage, hier den Nordflügel der oberdevonischen Mulde von Ober-Siebeneich oder den Südflügel des grossen Sattels von Neviges und Velbert bildend. Die Lenneschieferschichten dieses grossen Sattels sind unter den Diluvialmassen südlich der Strasse von Düsseldorf nach Mettmann ebenfalls nur in einzelnen Partieen sichtbar.

Südlich der Gladbacher Kalksteinmulde haben die Schichten in dem tiefen Einschnitte des oberen Sülzethales von Eichhof bis Obersteeg nördliches Einfallen; die muldenförmige Lagerung des Lenneschiefers zunächst im Liegenden des Kalksteins tritt hierdurch, sowie durch das südliche Einfallen der Schichten an der Nordseite des Kalksteins klar hervor. Westlich hiervon haben die Schichten von der Kalksteingrenze bis zur Sülze vielfach wechselndes Einfallen mit Abweichungen von dem normalen Streichen in Stunde 4 bis 5, wodurch häufige lokale Sattel- und Muldenbildungen angedeutet werden, die in ihrem Verlaufe nicht zu verfolgen sind.

Der mittlere Theil des Rückens zwischen Lennefer- und Aggerthal scheint sodann einen grossen Sattel zu bilden, die Schichten fallen den Thälern in entgegengesetzten Richtungen zu. Das Aggerthal liegt hier in einer Muldenlinie, weiter oberhalb Vilkerath durchbricht es mit seinem mehr westöstlichen Laufe die nordwestlich einfallenden Schichten des Muldengegenflügels. (In der Grube Uhland haben die Schichten südöstliches, in der Grube Castor nordwestliches Einfallen.) Mit der zunehmenden Breite des Rückens gegen Süden treten mehrere Faltungen auf, welche zum Theil an der Strasse von Steinebrück nach Overath und in den Grubenbauen der Gruben Lüderich und Bergsegen zu beobachten sind. Nach wiederholten Sattel- und Muldenbildungen südlich des Aggerthales überlagern endlich die Lenneschieferschichten ausserhalb unseres Bezirkes die älteren Coblenzschichten.

Bei einer Vergleichung der geognostischen Verhältnisse [1]) mit der Oberflächengestaltung tritt unverkennbar die enge Beziehung zwischen denselben hervor. Die Gebirgseinsenkung südlich des Dhünnthales entspricht einer durch die Gladbacher Kalksteinpartie deutlich bezeichneten grossen Gebirgsmulde.

2. Die oberdevonischen Schichten.

Dieselben erscheinen in unserem Gebiete nur in der südlichen Spitze der schon erwähnten Ober-Siebeneich'er Mulde zwischen Mettmann und Schöller bis zum Düsselthale.

---

1) Die Beschreibung derselben beruht theils auf von Dechen's Beschreibung des Regierungsbezirkes Düsseldorf, auf welche auch bezüglich der folgenden Abschnitte hingewiesen wird, theils auf eigenen Beobachtungen.

Die unteren, als Flinz bezeichneten Schichten, aus dunklen Schiefern mit meistens abweichender Schieferung und dunkelgrauen, häufig bituminösen Kalksteinen in Lagen bis zu 1 m Mächtigkeit bestehend, bilden am Südflügel der Mulde bei Gruiten ein wenig mächtiges Band. Am Nordflügel sind sie mächtiger entwickelt in dem Düsselthale von Neanderthal bis Mettmann.

Die oberen Kramenzelschichten, vorwiegend aus grünen und rothen Schiefern mit Kalknieren, einzelnen Kalksteinlagen und dünnen, glimmerreichen Sandsteinen bestehend, füllen die Mitte der Mulde in grösserer Verbreitung aus.

3. Tertiärformation.

Die Rheinebene von der Sieg bis Düsseldorf bildet einen Theil des sich westlich und nördlich ausdehnenden niederrheinischen Tertiärbeckens. Am östlichen Rande treten dem oberen Oligocän angehörende Süsswasserbildungen, namentlich südlich des Strunderbaches an dem Abhange des Gebirgslandes, unter der Ueberdeckung mit Diluvialmassen zu Tage und sind hier durch Bergbau näher bekannt geworden, ebenso weiter südlich im Königsforste und in der Wahnerheide bei Spich. In der Gegend von Siegburg ist die Verbreitung unter den Diluvialmassen durch Versuchsarbeiten und Bohrlöcher vielfach nachgewiesen, ebenso durch Bohrlöcher bei Kalk und Deutz. Nördlich des Strunderbaches finden sich in der Nähe von Bergisch-Gladbach noch mehrere kleine Ablagerungen. Dann fehlen in dem Zwischenraume bis zum Düsselbache Aufschlüsse über das Vorkommen tertiärer Schichten vollständig. Erst an der linken Seite der Düssel treten sie zwischen Erkrath und Hochdahl auf und verbreiten sich, grösstentheils von Diluvialmassen bedeckt, in östlicher Richtung an der Südseite des Sattels des Osterholzes über Vohwinkel.

Marine, ebenfalls dem Oberoligocän angehörende Ablagerungen finden sich nur in dem nördlichsten Theile des Reviers, an der rechten Seite der Düssel zwischen Grafenberg, über das Thal von Gerresheim bis nördlich von Erkrath und in geringerer Verbreitung an der linken Seite von dem vorspringenden Abhange des Rodeberges bis nach Erkrath.

Die Süsswasserbildungen bestehen im Wesentlichen aus Thon, Sand und Braunkohlen. Die Thone sind in ihren reinsten Varietäten von weisser bis gelblich grauer Farbe und besitzen grosse Plasticität. Durch Aufnahme von Eisen- und Manganoxyd, Sand, Kalkerde erhalten sie dunklere bis schwarze Farbe und verlieren ihre technische Verwendbarkeit; durch grösseren Gehalt an Schwefelkies gehen sie in Alaunthone und Alaunerde (Spich) über. Schwefelkies in wulstigen Knollen und thonige Sphärosiderite finden sich zerstreut und unregelmässig verbreitet in den Thonen.

Der Sand besteht aus losen, wenig zusammenhängenden Quarzkörnern von mehr oder weniger feinem Korn; stellenweise ist er ganz weiss und dann oft krystallinisch; am häufigsten sind die Körner mehr abgerundet und durch Eisenoxyd gelb und röthlich gefärbt. Durch abwechselnde Lagen von mehr oder weniger feinen Körnern entsteht undeutliche Schichtung. Feste Quarzite mit kieseligem Bindemittel fehlen. Bei Vohwinkel, wo viele unregelmässige, oft spaltenartige Vertiefungen des Kalksteins mit Thon, gelbem und weissem Sande ausgefüllt sind, finden sich in dem Sande als Gerölle häufig Knollen von Feuerstein, Schwimmstein und Hornstein. Die oberen Lagen der tertiären Thone und Sande enthalten sehr häufig Quarzgerölle und sind kaum von den Diluvialmassen zu trennen.

Auf die Braunkohlenlager wird weiter unten zurückgekommen.

Die Mächtigkeit der wechselnden Thon- und Sandschichten ist sehr verschieden, meistens beträgt dieselbe 0,5 bis 3 m; bei Siegburg sind weisse Thone, welche sich bis an den Gebirgsabhang verbreiten, bis 9 m mächtig.

Die Mächtigkeit der Tertiärschichten ist noch nicht aufgeschlossen. Zwischen Kalk und Deutz hat ein Bohrloch bei 78,6 m Tiefe das Liegende nicht erreicht, ebenso bei Siegburg in 82 m Tiefe.

Es mag hier noch erwähnt werden, dass mit einem Bohrloche bei der Geschossfabrik zu Siegburg in 56 m Tiefe in einer Sandschicht eine schwache salzhaltige Quelle erschroten worden ist.

Die marinen Ablagerungen bestehen aus gelben und braunen, losen Sanden bis zu 30 m Mächtigkeit, zwischen denen sich häufig feste, eisenschüssige, bis 0,5 m starke Schichten mit unregelmässig knollig gewundenen Flächen finden, welche einen festen, sandigen Brauneisenstein darstellen. Die als Abdrücke und Steinkerne in denselben sich findenden Versteinerungen sind: Pecten decemplicatus Münst., multisulcatus Bronn; Isocardia Cor Lam.; Cyprina aequalis Bronn; Cytherea suberycinoides Dech.; Panopaea intermedia Saw.; Solen ensis Lam.; Schizaster acuminatus Ag.

In der Sohle des Thales, das sich nördlich von Erkrath nach Dorp erstreckt, wurden bei dem Eisenbahnbaue dunkle, zähe Thone angetroffen, welche vielleicht als Septarienthone anzusehen sind.

Die Braunkohlenthone werden in der Umgegend von Bergisch-Gladbach und Siegburg als Material zur Herstellung von feuerfesten Steinen gewonnen, ebenso auch die weissen Sande, die ausserdem zur Glasfabrikation, zur Herstellung der Herde der Schweiss- und Puddelöfen und für häusliche Zwecke Verwendung finden.

Zwischen dem Wolsberge und der Siegburg kommen mächtige Lager trefflichen Töpferthons vor, welcher seit dem Anfange des 14. Jahrhunderts zur Fabrikation von Gefässen verwendet wurde[1]). Es sei hier kurz bemerkt, dass die dortige Steingutfabrikation in der Folge in bedeutender Ausdehnung

---

1) J. B. Dornbusch: Die Kunstgilde der Töpfer in der abteilichen Stadt Siegburg und ihre Fabrikate. Köln 1873.

betrieben wurde, ihre höchste Blüthe im 16. Jahrhundert, wo ein entschieden künstlerischer Aufschwung eintrat, erreichte, und im Verlaufe des dreissigjährigen Krieges, namentlich durch die im Jahre 1632 erfolgte Zerstörung der Stadt Siegburg durch die Schweden, unterging. Gegenwärtig wird dort weder Steingut, noch irgend welches Töpfergeschirr fabricirt.

Lagerungsverhältnisse.

In der Nähe von Bergisch-Gladbach liegen die tertiären Schichten auf dem devonischen Kalksteine. Nördlich des Strunderbaches sind mehrere unregelmässige Vertiefungen desselben, welche nicht durch muldenförmige Schichtenstellung bedingt sind, mit Thonen und Sanden bis zu 25 m mächtig ausgefüllt; Braunkohlen kommen nur in einzelnen kleinen, unregelmässigen Partieen vor (Grube Johann I). Auch in der östlichen Verbreitung der Kalksteinmulde finden sich noch einzelne sporadische Ablagerungen, so bei Unterbach und Biesfeld in einer Höhe von 224 m über N. N.

Südlich des Strunderbaches ist die Ablagerung in grösserer Ausdehnung zusammenhängend. Im nördlichen Theile senkt sie sich erheblich unter die Bachsohle ein, das Einfallen ist westlich und südwestlich bis zu 20°, weiter gegen Süden hebt sie sich aus mit flacher Lagerung. Bei Bergisch-Gladbach haben die Braunkohlen an ihrem östlichen Rande ihr Ausgehendes in einer Höhe von 92 m; zwischen Kalk und Deutz im Grubenfelde Kalk (früher Vulcan I) sind die Braunkohlen in einer Tiefe von 51,7 m unter Tage oder in einer absoluten Höhe von 7 m unter N. N. erbohrt, und bei 78,6 m Tiefe oder 34 m unter N. N. ist das Braunkohlengebirge noch nicht durchbohrt worden. Die hieraus sich ergebende westliche Einsenkung deutet die weite westliche Verbreitung der in der Gladbacher Kalksteinpartie ausgesprochenen grossen Gebirgsmulde an.

In der weiteren südlichen Verbreitung in der Rheinebene, im Königsforste, in der Wahnerheide, in der Siegniederung, wo die Lenneschieferschichten das Liegende der tertiären Schichten bilden, haben dieselben unter den überdeckenden 2 bis 10 m mächtigen diluvialen und alluvialen Ablagerungen meistens flach muldenförmige, häufig ganz horizontale Lagerung.

Ueber die nördliche Verbreitung der tertiären Schichten in der Rheinebene bis zu dem Düsselbache fehlt es zwar gänzlich an Aufschlüssen, doch ist dieselbe wohl ebenso wenig zweifelhaft, wie der Zusammenhang mit den tertiären Ablagerungen auf der linken Rheinseite.

Bei Vohwinkel sind Tertiärschichten in der Mulde zwischen dem Sattel des Osterholzes und dem südlich vorliegenden Lenneschieferrücken abgelagert.

4. Diluvium und Alluvium.

Aus Geröllen, Sand, Lehm und Löss bestehende Diluvial-Ablagerungen begleiten den östlichen Rand der Rheinebene in einem nicht sehr breiten Saume; in einzelnen Partieen, bei Solingen, Bergisch-Gladbach erreichen sie grössere Höhen, so bei Spitze 200 m über N. N. und finden sich ziemlich hoch aufwärts in den meisten Thälern. Westlich von Mettmann gewinnen sie grössere Ausdehnung, sie bedecken hier die nur stellenweise zu Tage tretenden Devonschichten des Gebirgssattels von Neviges und Velbert, bis zu 120 m Höhe über N. N. aufsteigend.

Die Gerölle bestehen zum grössten Theile aus Gesteinen der Devongruppe, Quarzit, quarzigen und kieseligen Sandsteinen, Schiefer und bedecken zum Theil die Köpfe der devonischen Schichten. In der Gegend von Bergisch-Gladbach finden sich bis zu 3 m mächtige Ablagerungen abgerundeter Quarzkiesel von Erbsen- bis Faustgrösse, meistens unmittelbar auf dunklen Braunkohlenthonen, so dass sie vielleicht zur Tertiärformation gehören. Das lockere Bindemittel, welches die Gerölle lose verbindet, ist theils sandig, theils thonig, so dass das hier vielfach zur Fabrikation von feuerfesten Steinen gewonnene Material als Sand- und Thonkies bezeichnet wird. Einzelne westlich und südlich von Bergisch-Gladbach zerstreut liegende Blöcke von Hornstein und Kieselconglomerat scheinen verhärtete Partieen dieser Geröllelager zu sein.

Der Sand besteht aus Quarzkörnern und ist gewöhnlich durch Eisenoxydhydrat schmutzig und gelblich gefärbt. Er bildet dünne und stärkere Lagen, mit Geröllen wechselnd, zuweilen mächtige Ablagerungen; einzelne Bergrücken im nordwestlichen Theile des Reviers, in der Gegend von Hilden, bestehen ganz aus Sand mit Geröllelagern.

Der Lehm, welcher durch Aufnahme von kohlensaurem Kalk in Löss übergeht, bildet gewöhnlich die oberste Lage des Diluviums.

In den Diluvialablagerungen sind Knochenreste und Zähne von Elephas primigenius vielfach verbreitet, so in der Rhein- und Siegebene; ebenso finden sich in den mit Lehm und Sand ausgefüllten Schlotten und Höhlen des Elberfelder Kalksteins häufig Reste verschiedener Säugethiere. In der sog. Teufelskammer im Neanderthale sind Zähne und Knochenreste von Rhinozeros tichorrhinus, Ursus spelaeus, Hyaena spelaea, Equus, Bos, in einer anderen Höhle Reste von Elephas primigenius, neuerdings in einer Kalkschlotte bei Bergisch-Gladbach Kiefer und Knochenreste von Rhinozeros und Ursus gefunden worden. Am bekanntesten ist die sog. Feldhöfer-Grotte im Neanderthale durch den im Jahre 1856 erfolgten Fund prähistorischer Menschenreste geworden[1]). Steinbeile aus Feuerstein sind im Diluviallehm bei Haan gefunden worden[2]).

5. Massige und hiermit verwandte Trümmergesteine.

In dem östlichen Reviertheile sind nördlich der Wupper bei Ober- und Unter-Fastenrath und im Hönnigethale bei Kupferberg und Kreutzberg mehrere Züge von Feldspathporphyr bekannt. Derselbe ist von lichtgrauer bis grauröthlicher Farbe, massig und fest, nur zum Theil in's Schieferige übergehend.

Isolirte Vorkommen von Hyperit sind an der rechten Seite der Wupper südöstlich von Beienburg bei Remlingrade und am Hof, zwischen Rade vorm Walde und dem Ennepethale, sowie an der linken Seite der Dhünn, östlich von Altenberg, gefunden worden.

In dem südlichsten Reviertheile treten an dem flachen Gebirgsabhange nach der Sieg in geringer Entfernung von derselben am Sentersberge bei Caldauen und etwas weiter südlich in der Ebene in geringer Erhebung über dieselbe an der Steinbahn, an der Frohnheck, bei Stalberg und Hufenknipp Basalte verbunden mit Basalttuffen auf. Südlich hiervon am nördlichen Ufer der Sieg bei Siegburg ragen aus der Ebene die drei isolirten Kuppen des Riembergs (auch Grimprichsberg genannt), des Wolsbergs und der Siegburg, welche die Siegburger Abtei trägt, hervor. Dieselben bestehen aus vielfach geneigten Schichten eines Basaltconglomerates, welches von vielen Basaltgängen durchsetzt wird und stellenweise Kerne von festem Basalt mit einer Hülle von Basalttuff umschliesst. Das thonige Bindemittel des Conglomerates von verschiedenen Farben hat grossen Gehalt an Eisenoxydhydrat, so dass sich stellenweise Thoneisenstein-Schalen und -Nieren ausscheiden. In dem Bindemittel liegen Brocken eines grösstentheils porösen, verschlackten und zersetzten Basalts. Dazwischen finden sich Bruchstücke von Grauwacke, Thonschiefer und Trachyt. Häufig schliesst das Conglomerat Bruchstücke aus der Braunkohlenformation, Thon, Quarzgeschiebe, Stämme und Aeste von verkieseltem Holze (Holzopal) ein. Nicht selten sind auch cylindrische Höhlungen, aus denen die Holzmasse verschwunden ist und deren Wände mit Arragonitkrystallen bekleidet sind[3]).

---

1) Vergl. Fuhlrott: Die Höhlen und Grotten in Rheinland-Westfalen. 1869, sowie verschiedene Mittheilungen von Fuhlrott und Schaaffhausen in den Verhandlungen des naturhistorischen Vereins etc. von 1857, 1859, 1866, 1872, 1875.

2) Schaaffhausen a. a. O. 1872.

3) Vergl. Dr. J. Nöggerath: Die Entstehung und Ausbildung der Erde. Stuttgart 1847.

IV. Nutzbare, dem Berggesetze unterworfene Mineralien.

A. Braunkohlen.

Es ist bereits oben bemerkt, dass nördlich von Bergisch-Gladbach die tertiären Schichten nur in isolirten Partieen von nicht grosser räumlicher Ausdehnung, in unregelmässigen Vertiefungen des Kalksteins abgelagert, auftreten. Demgemäss haben die hier vorkommenden Braunkohlen nur geringe Bedeutung; zu erwähnen ist nur das Grubenfeld Johann I, wo unter der Ueberdeckung mit 2 bis 3 m Thon ein 3,5 m mächtiges Braunkohlenlager und unter 0,6 m starkem Thone ein zweites Lager erbohrt worden ist.

Südlich des Strunderbaches verbreitet sich dagegen in südlicher Richtung auf eine Länge von 2600 m ein durch alten und bis in die neueste Zeit fortgesetzten Grubenbetrieb aufgeschlossenes Braunkohlenvorkommen.

Das Ausgehende des Lagers erstreckt sich in südlicher Richtung etwas östlich der Eisenbahn von Bergisch-Gladbach nach Bensberg. Im nördlichen Theile, wo das Ausgehende in einer Höhe von etwa 92 m liegt, fällt das Lager ziemlich stark mit beinahe 20° gegen Westen und Südwesten und senkt sich hier ansehnlich unter die Sohle des Baches ein. In den Grubenfeldern Cedernwald und Johann Wilhelm erreicht es eine Mächtigkeit von 35 m, einschliesslich mehrerer durch Thon und Sand verunreinigter Lagen von verschiedener Stärke.

Weiter südlich hebt sich das Lager aus und nimmt durchgängig eine flache, theilweise muldenförmige Lagerung mit schwacher Neigung gegen Westen an. Die Mächtigkeit wird geringer und das Lager wird durch zwischengelagerte Thon- und Sandschichten getheilt. Im Felde Heidkampsmaassen lag eine 0,6 m mächtige Thonschicht zwischen zwei, zusammen 11,9 m mächtigen Braunkohlenlagern. Aehnliche Verhältnisse waren in den Feldern Heidkampsfundgrube, Schönhäuschen und Guch, Urbanus. In dem Felde Unbestrittener Fund ist ein 2,2 m mächtiges Braunkohlenlager abgebaut und nach einer Zwischenlage von 0,6 m Kies und Sand ein 6,7 m mächtiges Braunkohlenlager erbohrt worden. Im Felde Neufeld beträgt die Mächtigkeit des abgebauten Lagers 5 bis 6 m. Westlich von diesen Feldern ist das Lager im Felde Neeb bis zu 10,7 m stark durchbohrt worden, womit das Liegende indess nicht erreicht war.

Die Ausbildungsweise des Lagers ist hiernach sehr verschieden, wohl von abweichenden lokalen Verhältnissen, namentlich der Gestaltung der Oberfläche, auf der sich die Tertiärschichten ablagerten, bedingt. An einzelnen Stellen ist als das unmittelbare Liegende der Braunkohle der meistens dolomitische Kalkstein nachgewiesen, an anderen liegt unter der Braunkohle feiner weisser Sand, der meistens als Schwimmsand starke Wasser zuführt, zuweilen auch sandsteinartig verbunden ist. Auf den Braunkohlen liegt weisser und gelber Kies und Sand von 1 bis 7 m Mächtigkeit, stellenweise wohl auch zunächst eine Schicht von schwarzem Letten bis zu 1 m stark, dann schwarzer und weisser Thon, worauf diluviale und alluviale Sande mit Kies und Gerölle folgen.

Die Braunkohle ist durchgängig erdig, zerreiblich, wenig stückreich; sehr selten ist Holzstruktur erkennbar. Einzelne Lagen werden durch Thon und Sand verunreinigt; auch Schwefelkies in feiner Vertheilung findet sich ein.

Die älteste Nachricht über den Braunkohlenbergbau gibt eine Urkunde der Pfälzischen Hofkammer zu Düsseldorf vom 26. Februar 1717, durch welche die Berechtigung zur Gewinnung der erst kurz vorher erschürften Braunkohle in dem jetzigen Felde Heidkampsmaassen ertheilt wurde. Der Bergbau steht in unmittelbarer Verbindung mit dem in der Umgegend heimischen Betriebe von Kalkbrennereien; die Besitzer der Kalksteinbrüche gewannen den zum Brennen nöthigen geringen Bedarf von Braunkohlen, daneben kleine Quantitäten für den Hausbrand. Die Betriebe, theils in offenen Tagebauen, theils aus kleinen Schächten geführt, bewegten sich in einem nicht sehr breiten Saume, dem Ausgehenden des Lagers entlang, soweit es die aus der Sohle auftretenden Wasser und die Höhe des Abraums gestatteten. Mit den wachsenden Schwierigkeiten wurden die Betriebe nach und nach eingestellt. Grössere Anlagen sind nur in dem nördlichen Theile der Ablagerung, wo die Mächtigkeit des Lagers bis zu 35 m beträgt, ausgeführt worden. Im Jahre 1859 vereinigten sich die Gewerkschaften der Gruben Cedernwald, Johann Wilhelm und Heidkampsmaassen zu einer gemeinschaftlichen Anlage mit Dampfmaschinenbetrieb. In einem grösseren Tagebaue ist das Lager bis zu einer Tiefe von 17,6 m unter einer oberen Rösche, welche schon im Jahre 1760 zur Abführung der Wasser nach dem Strunderbache angelegt worden war, in einer Länge von 500 m abgebaut worden. Die mit der Ausdehnung des Baues gegen Westen stark zunehmende Mächtigkeit des Abraums, bezw. die Verringerung der über der Sohle zu gewinnenden Pfeilerhöhe des Lagers führte auch hier mit Anfang des Jahres 1880 die Einstellung des Betriebes herbei.

Als die westliche Fortsetzung dieser Ablagerung ist wohl das zwischen Kalk und Deutz in den Grubenfeldern Kalk, Deutz, Vulcan und Rath I erbohrte Braunkohlenvorkommen anzusehen. In dem Felde Kalk wurden unter 37,7 m mächtigem Kiesgeröll und Sand, welche dem Alluvium und Diluvium zugehören dürften, und 14 m mächtigen tertiären Thonschichten bis zu einer Tiefe von 78,6 m vier Braunkohlenlager von zusammen 14,88 m Mächtigkeit erbohrt, deren zwischengelagerte Thon- und Sandschichten zusammen 11,62 m stark waren. Ein Versuch, die Braunkohlen zu gewinnen, missglückte, da es nicht gelang, den Schacht in den diluvialen Ablagerungen niederzubringen.

Südlich der Gladbacher Braunkohlenablagerung finden sich mehrere, wie es scheint, nicht zusammenhängende, isolirte Braunkohlenvorkommen, so im Königsforste westlich von Bensberg im Felde Catharina und südlich von Bensberg bei Klein-Eichen im Felde Freie Presse, wo das Lager 24 m mächtig erbohrt worden ist, auch ein kleiner Betrieb stattgefunden hat.

In der weiteren Verbreitung der Tertiärschichten gegen Süden, in der Wahnerheide, in der Umgegend von Siegburg, besitzen die Braunkohlenlager weit geringere Mächtigkeit. Bei Spich im Felde Johannisberg finden sich unter einer 6 bis 10 m starken Bedeckung von Sand, Kies und Lehm Braunkohlen in drei Lagen von zusammen 2,36 m Mächtigkeit. Zwischen den beiden obersten Lagen von 0,6 und 1,2 m Mächtigkeit liegt eine 0,78 m mächtige Schicht Alaunthon. Diese drei Lagen sind bis zum Jahre 1865 zur Gewinnung von Alaun abgebaut worden.

An vielen Stellen in der Wahnerheide und bei Siegburg sind noch Braunkohlen durch Schürfarbeit bekannt geworden, so in den Grubenfeldern Wahnerheide, Verbindung, Julius Cäsar, Walter Scott, Junger Henry, Mühlenweg, Vater Windgassen, Maler Ritter, Maler Jordan, Johanna Maria, Frau Ritter, der Geschworne Pfähler, Carl Stetter, Vater Zintgraf. Die Mächtigkeit beträgt nicht viel über 2 m, Betrieb hat nicht stattgefunden. In den 70 bezw. 82 m tiefen Bohrlöchern bei der Rolffs'schen Fabrik und bei der Geschossfabrik bei Siegburg sind nur schwache und unreine Braunkohlenlager durchbohrt worden. Bei Siegburg finden sich in der erdigen Braunkohle eingelagert vielfach gut erhaltene Eichenstämme. Auch kommt hier und da Retinit und in den den Braunkohlenflötzen aufgelagerten Sandschichten ein Siegburgit genanntes Harz vor, welches Sand zu nierenförmigen Concretionen verkittet [1]).

Das Braunkohlenvorkommen in der Vohwinkler Mulde ist im Jahre 1860 erbohrt und in einer Ausdehnung von 500 m Länge und 60 m Breite nachgewiesen worden. Die Mächtigkeit ist sehr verschieden, von 1 bis zu 50 m. Die Braunkohle bildet kein regelmässiges Lager, sondern hat sich mit dem unter ihr liegenden weissen Sande auf der unregelmässig gestalteten Oberfläche des Kalksteins in den einzelnen, theilweise trichterförmigen Vertiefungen abgelagert. Auf der Braunkohle liegt ein zur Ziegelfabrikation geeigneter gelber Thon, und es ist Absicht, mit der Gewinnung desselben die der Braunkohle zu vereinigen. Die Braunkohle ist, wie bei einer Versuchsarbeit mit geringer Förderung sich ergeben hat, grösstentheils erdig, schliesst aber zahlreiche Bruchstücke von Stämmen und Aesten ein.

---

1) von Lasaulx. Verhandlungen des naturhistorischen Vereins etc. 1874.

B. Eisenerze.

1. Vorkommen im Mitteldevon.

Die weiter unten zu besprechenden, im Lenneschiefer aufsetzenden Blei- und Zinkerzgänge in der Umgegend von Bensberg führen durchgängig als Gangmasse Spatheisenstein. Auf einzelnen Gängen (Columbus, Max und Castor) tritt letzterer in so derben Trümmern auf, dass er ausgehalten werden kann, und namentlich der Gang Castor besteht in den oberen Bausohlen überwiegend aus Spatheisenstein. Im Verbreitungsgebiete dieser Erzvorkommen, besonders in dem Gebirgsrücken zwischen Sülze und Agger, sind mehrere hier anzuführende Gänge mit ganz zurücktretender Blei-, Zink- und Kupfererzführung bekannt.

Auf der Grube Schnepfenthal ist ein in Stunde 12 bis 1 streichender Spatheisensteingang auf eine Länge von 300 m und ein zweiter, in Stunde 8 streichender und sich mit dem ersteren schaarender Spatheisensteingang auf eine Länge von über 160 m bekannt geworden. Die Gänge sind häufig verdrückt und auf grosse Längen ganz taub. Auf dem ersteren Gange sind zwei Eisenerzmittel abgebaut worden; das erste, welches 2 m mächtig und 48 m lang war, scheint unter die Stollensohle nicht niederzusetzen; das zweite Mittel ist bis zur 31 m Sohle auf eine Länge von 120 m abgebaut worden. Die Mächtigkeit betrug durchschnittlich etwa 1 m, an einzelnen Stellen 3 bis 4 m. Taube Einlagerungen waren sehr häufig. Versuchsarbeiten unter der 31 Metersohle hatten ungünstige Resultate, die Erzführung wurde unregelmässiger und wenig zusammenhängend. Nach dem Abbau der aufgeschlossenen Mittel erfolgte im Jahre 1878 die Betriebseinstellung. Der Spatheisenstein war von vorzüglicher Qualität.

Auf der Grube Hermann bei Stich ist ein in Stunde $10^5/_8$ streichender, gegen Nordosten einfallender Gang 240 m überfahren worden. Etwa 80 m lang führte er bei einer Mächtigkeit von 0,3 bis 1 m Spatheisenstein in kurzen Mitteln, im Uebrigen war er taub.

Der wenig im Hangenden desselben aufsetzende Gang der Grube Bavaria ist 50 m überfahren worden und zeigte ein ähnliches Verhalten.

Auf der Grube Henriette bei Lughausen ist ein Spatheisensteingang über der Stollensohle abgebaut worden, welcher sich nach der Tiefe verdrückte.

Es sind in diesem Gebiete noch mehrere Spatheisensteingänge bekannt, in ihrem Verhalten aber nicht aufgeschlossen. Im Allgemeinen sind die durch den Bergbau erzielten Resultate nicht günstig; die Erzführung besteht in kurzen, unregelmässigen Mitteln, die nach der Tiefe nicht aushalten, so dass auf die Entwickelung eines grösseren Betriebes nicht zu rechnen ist.

Das lagerartige Vorkommen eines körnigen Spatheisensteins ist am rechten Gehänge der Wupper bei der Kohlfurther Brücke im Grubenfelde Friedrichshammer aufgeschlossen und das Lager auf eine Länge von 400 m nachgewiesen worden. Ein ähnliches Vorkommen findet sich an der Ennepe, nahe der östlichen Grenze des Reviers.

Weit häufiger in der ganzen Verbreitung des Lenneschiefers ist das lagerartige Vorkommen von Thoneisenstein und daraus entstandenem Brauneisenstein. Dasselbe ist an sehr vielen Punkten bekannt und bildet den Gegenstand zahlreicher Verleihungen, ohne indess grosse praktische Bedeutung erlangt zu haben. In den reinsten, aber selten vorkommenden Varietäten erreichen die Eisenerze einen Gehalt bis zu 36 und 40 % Eisen mit einem zuweilen ansehnlichen Mangangehalte und gewähren dann ein gutartiges Material für den Schmelzprozess; doch werden sie durch Aufnahme von Thon und Sand zur Verhüttung ungeeignet und vielfach vollständig unbrauchbar. Die Lager haben eine wechselnde, bis zu 2 m steigende Mächtigkeit. Die bauwürdigen Mittel sind meistens von geringer Ausdehnung im Streichen und Einfallen und erscheinen oft nur knollenartig in der schiefrigen oder lettigen Lagermasse.

Südlich der Gladbacher Kalksteinmulde sind hier anzuführen die Gruben Bertha, Selma und zum Theil Britannia. Auf ersterer Grube sind vier Lager bekannt geworden, welche in oberer Höhe zum Theil auf grössere Längen abgebaut sind, in den tieferen Sohlen aber unedel werden.

Nördlich der Kalksteinmulde sind die Thon- und Brauneisensteinlager in den Kreisen Solingen und Lennep verbreitet. Pingenzüge von theilweise grosser Ausdehnung bekunden hier einen sehr alten Bergbau, der sich indess nicht tief unter die Oberfläche erstreckt hat. In neuerer Zeit an verschiedenen Punkten ausgeführte Versuchsarbeiten haben im Ganzen wenig günstige Resultate ergeben. Es sind hier anzuführen die Gruben Nelson und Ringeltaube bei Solingen, Huss bei Leichlingen, Irmgard bei Wermelskirchen, Heinrichszeche bei Hückeswagen. In diesen Gegenden finden sich auch Vorkommen von schiefrigem, aus der Umänderung von Thonschiefer gebildetem Brauneisenstein nahe an der Oberfläche (sog. Hunsrücker Formation). Derartige Vorkommen finden sich auch im südlichen Reviertheile zwischen Stalberg und Caldauen; die Grauwackenschichten sind unter der Ueberdeckung mit tertiären Schichten zersetzt und aufgelöst und führen Knollen, Kugeln und Nieren von Thon- und Brauneisenstein.

In der zwischen dem Nordrande des Lenneschiefers und dem Sattel des Osterholzes zwischen Vohwinkel und Haan sich verbreitenden Mulde sind, der Grenze zwischen Lenneschiefer und Elberfelder Kalkstein folgend, in den Einzelfeldern Muth, Kraft und Bestand des Distriktsfeldes Vereinigung mehrere, theils an die Gebirgsscheide gebundene, theils in dem zersetzten Lenneschiefer lagerartig sich verbreitende Brauneisensteinvorkommen bekannt geworden. Dieselben wurden im Jahre 1847 bei dem Bau der Düsseldorf-Elberfelder Eisenbahn aufgeschlossen, und bis zum Jahre 1862 ging auf denselben ein nicht unbedeutender Bergbau um. Die Lager waren meistens 1 bis 2 m, stellenweise bis zu 10 m mächtig. Sie setzten nicht regelmässig durch, sondern bildeten einzelne getrennte Ablagerungen von verschiedener Länge, im Felde Muth bis zu 100 m lang. Der Abbau ist bis zu einer Tiefe von 60 m geführt worden. Der Betrieb wurde der zu grossen Wasserzugänge wegen eingestellt, da der Erfolg einer Maschinenanlage zweifelhaft war. Der Eisenstein war manganreich und gutartig.

Endlich sind noch zu erwähnen im Lenneschiefer auftretende Eisenerze in der Gegend von Kreuzberg, Fastenrath, welche an Porphyr gebunden zu sein scheinen, indess nicht näher untersucht worden sind.

Ein wahrscheinlich auf der Grenze des Lenneschiefers des Torringer Sattels nördlich von Bergisch-Gladbach und des Elberfelder Kalksteins aufsetzendes lagerartiges Vorkommen von Thoneisenstein ist auf der Grube Eduard und Amalia bei Paffrath aufgeschlossen. Das Hangende bildet Kalkstein, der in der Nähe des Lagers zu einer bröckeligen dolomitischen Masse zersetzt ist, das Liegende bilden sandige Massen und Letten. Das Streichen ist in Stunde 5 bei südlichem Einfallen von 80°; das Lager ist 6 bis 11 m mächtig. Der Eisenstein liegt in Knollen und Nieren verschiedener Grösse in zähem, schwarzem Letten; meistens hat er einen ziemlich hohen Gehalt an Schwefelkies; abgeröstet ist das Eisenerz bei einem Gehalte bis zu 50 % Eisen und 2 % Mangan ein recht gutes Material. Das Lager ist auf eine Länge von 500 m nachgewiesen und an zwei Stellen in Tagebauen und unterirdisch abgebaut worden.

In dem Elberfelder Kalksteine ist die Ausfüllungsmasse vieler Spalten und Klüfte häufig eisenschüssig, und es enthält dieselbe wohl kleine Ausscheidungen von Brauneisenstein; eigentliche Gänge sind indess nicht bekannt. Nur bei Gruiten in dem Einzelfelde Harmonie des Distriktsfeldes Vereinigung ist ein vielleicht gangartiges Vorkommen von dichtem und faserigem Roth- und Brauneisenstein, in Knollen und sphäroidisch gebogenen Schalen im Letten liegend, aufgeschlossen, der unregelmässigen Erzführung wegen aber nicht verfolgt worden.

In dem Felde der Grube Catharina bei Lustheide, nahe an dem südlichen Rande der Kalksteinmulde, finden sich in dem Kalksteine Eisenerze in Verbindung mit Blei- und Zinkerzen. Die Kalksteinschichten führen, worauf weiter unten noch zurückzukommen ist, die genannten Erze und Schwefelkies eingesprengt und in Trümmern. Bis zu einer gewissen Tiefe unter der Oberfläche sind die Kalksteinschichten zersetzt, theils dolomitisirt, zuweilen ganz in dolomitischen Sand umgewandelt. Soweit diese Zersetzung reicht, sind die eingeschlossenen, ursprünglich geschwefelten Erze oxydirt. Der Brauneisenstein findet sich in ganz unregelmässig gestalteten, zuweilen mächtigen derben Partieen, meistens von Letten umschlossen.

Oberflächliche, dem Lenneschiefer aufgelagerte Thon- und Brauneisensteinbildungen, aus theils unregelmässig, theils flötzartig im Letten abgelagerten Nieren und Knollen bestehend, kommen vor nördlich der Kalksteinmulde in den Grubenfeldern Eykamp III, Hubertus, Schwarzbruch, Kuchenberg, Fahn, ferner südlich derselben bei Lindlar (Prometheus und Schiboleth), bei Hohkeppel (Marschall Vorwärts), im oberen Wahnbachthale bei Neunkirchen (Platen, Arndt, Gleim).

Weit grössere Bedeutung als alle bisher genannten Eisenerzvorkommen haben Ablagerungen in unregelmässig gestalteten Vertiefungen auf den Schichtenköpfen des Kalksteins, welche in enger Verbindung mit tertiären Schichten stehen und vielleicht selbst als tertiäre Bildungen anzusehen sind.

Ein ausgedehntes, wichtiges Vorkommen ist am östlichen Ende der Gladbacher Kalksteinmulde in dem Grubenfelde Luther zwischen Miebach und Spitze, streckenweise unterbrochen, in einer Längenausdehnung von 2000 m bekannt. Bei Miebach hat die Ablagerung eine Ausdehnung von 210 m von Ost nach West bei einer Breite von 90 m und erreicht eine Tiefe von 45 m. In dem Zwischenraume bis zu der grossen Ablagerung bei Spitze finden sich mehrere kleinere. Diese selbst ist in einer Länge von 360 m und einer Breite von 300 m bekannt und geht bis zu 50 m unter der Oberfläche nieder. Die mit den Eisenerzen erfüllten Vertiefungen sind nicht durch muldenförmige Lagerung der Kalksteinschichten bedingt, sondern durch Zerstörung und Auswaschung der Schichtenköpfe gebildet. Zahlreiche Rücken und Kegel fester, zum Theil dolomitisirter Kalksteinbänke machen die Oberfläche der Vertiefungen unregelmässig, wodurch die einzelnen Partieen der Erzablagerung verschiedene Mächtigkeit, Ausdehnung und Form, welche oft kesselartig wird, erhalten. Die Mächtigkeit, die sich nach den Rändern zu verringert, beträgt bis zu 22 m. Auf dem Kalksteine liegt meistens zunächst Letten, dann Sand und gelber und grauer Letten mit Braun- und Thoneisenstein-Knollen in wechselnder Häufigkeit, von Nussgrösse bis zu mehreren Centnern schweren Stücken, häufig in compakten Massen und schichtenweiser Lagerung. Die Miebacher Ablagerung führt überwiegend Thon-, die bei Spitze beinahe ausschliesslich Brauneisenstein. Der Eisengehalt geht in ausgelesenen Stücken bis zu 50 %, durchschnittlich beträgt derselbe etwa 40 %, der Mangangehalt 1 bis 2 %, in den Thoneisensteinen bis zu 12 %. Das Vorkommen wird in einem ausgedehnten Tagebaue abgebaut. Ueberdeckt werden die Ablagerungen von tertiärem weissen und gelben Sande und von lehmigem Sande, sowie stellenweise von Quarzgeröllen. Diese sind theils durch ein stark eisenschüssiges Bindemittel fest verkittet und haben ein gefrittetes Ansehen.

Ablagerungen derselben Art sind verbreitet östlich von der Grube Luther in dem Felde Tott, westlich von Luther in den Feldern Verzögerung, Freundschaft, Hinderniss, Eisenkrämer, Eykamp I, Gilead, Idazeche, Romeo, Gladbach, Gagern, Nebo, Scharrenberg, Albert, Prinz Wilhelm, hier in grosser Verbreitung und stellenweise bis zu 40 m mächtig, Britannia, Carl und endlich auch in dem Felde Catharina, wo dieselben in dem östlichen Theile des Tagebaues abgebaut werden.

In dem schon erwähnten Distriktsfelde Vereinigung sind in den Einzelfeldern Muth, Bestand, Entscheidung und Harmonie bei Vohwinkel und Haan ähnliche, dem Kalksteine aufgelagerte und von theils tertiären Schichten überlagerte Brauneisensteinablagerungen von 1 bis 2 m Mächtigkeit und verschiedener, meistens nicht grosser Ausdehnung abgebaut worden.

2. Tertiäre Eisenerzvorkommen.

In den eigentlich tertiären Schichten, namentlich in den Thonen über der Braunkohle, auch wohl im Sande, kommen in der ganzen Verbreitung derselben thonige Sphärosiderite unregelmässig zerstreut in Platten, Nieren und Knollen vor, vielfach in Verbindung mit Schwefelkies in wulstigen, gewundenen Massen. Die Thoneisenstein-Nieren und -Knollen sind faustgrosse, bis zu mehreren Centnern schwere Stücke; meistens ist die äussere Rinde in Brauneisenstein umgewandelt. Die Häufigkeit der Nieren und Knollen ist verschieden; zuweilen liegen sie nahe aneinander, so dass regelmässige Lager gebildet werden, die sich an einzelnen Stellen nach zwischengelagerten Thon- und Sandschichten wiederholen. Die Mächtigkeit der Eisenerz führenden Schichten geht bis zu 3 m. Die Erze sind in zahlreichen Grubenfeldern bekannt, bei Bergisch-Gladbach, Bensberg, im Königsforste, in der Wahnerheide, wo in dem Grubenfelde Wahnerheide früher Betrieb stattgefunden hat, und von da an dem östlichen Gebirgsabhange bis nach Caldauen und Seeligenthal am rechten Siegufer, ferner in der Gegend von Siegburg, wo in den weissen Thonen über der Braunkohle eine Ablagerung kleiner, fast ganz in Brauneisenstein umgewandelter, tiefer eine Lage grösserer Sphärosideritnieren sich findet, welche auf gelbem Sande ruht. Bei Kalk und Deutz ist das Vorkommen durch Bohrlöcher nachgewiesen.

3. Alluviale Eisenerze.

In der ganzen Rheinebene, namentlich in der Hildener Heide, im Franken- und Königsforste, in der Wahnerheide finden sich Raseneisenerzablagerungen, welche indess nur stellenweise bauwürdige Mächtigkeit erreichen.

Geschichtliche Bemerkungen über Eisensteinbergbau und Eisenhüttenbetrieb.

Der älteste Bergbau hat wohl auf den lagerartigen Thon- und Brauneisenstein-Vorkommen der Kreise Solingen und Lennep stattgefunden. Pingenzüge von zum Theil grosser Ausdehnung bekunden dessen lange Dauer, und die häufigen Schlackenhalden beweisen, dass die Erze in der Nähe ihrer Gewinnungsorte in kleinen Rennfeuern verschmolzen worden sind. Es ist wohl nicht zweifelhaft, dass die schon im 12. Jahrhundert blühende Metallindustrie jener Gegenden auf diesen Bergbau gegründet war. Zur Zeit der Hansa 1240 [1]) waren die Kronenberger weissen Sensen und Futterklingen hoch berühmt; die Solinger Schwerter machten sich im 14. Jahrhundert einen Namen.

Am nächsten am Rhein ist der Solinger Industriebezirk, die alte Stadt von den Ortschaften Dorp, Höhscheid, Gräfrath, Wald und Merscheid umgeben. Hier ist seit altersher die Fabrikation von Schwertern und Messern zu Hause; dazu gesellte sich im vorigen Jahrhundert die der Scheeren und im gegenwärtigen die der Regen- und Sonnenschirmgestelle, der Zuckerformen, Stiefeleisen, der Stahlbügel für Etuis und Portemonnaies und vorübergehend die der Revolver. Weiter nach Osten waren Kronenberg, Lüttringhausen und Remscheid die Mittelpunkte der wohlbekannten Industrie von Sensen, Sicheln und Stabeisen. Als aber eidvergessene Handwerksbrüder im Jahre 1687 ihre Kunst in's Märkische übertrugen, ging jenes Gewerbe zurück und an seine Stelle trat vom 17. Jahrhundert ab die Fabrikation der unzählig vielen feinen Handwerkszeuge, wie namentlich der Feilen, Sägen, Meissel, Hobeleisen, Bohrer, Winden, Zangen, Schlösser, Schlittschuhe u. s. w. Von Velbert an im Norden über Kronenberg, Lüttringhausen, Rade vorm Walde, Halver bis Wermelskirchen im Süden lehnte sich diese Industrie an die Solinger an, ihr Centrum aber ist Remscheid mit einer Kaufmannschaft, die in alle Kultur- und Barbarenländer handelt.

Der Betrieb des Eisenerzbergbaues, über den alle Nachrichten fehlen, mag bis in das Mittelalter hinein und an einigen Stellen bis gegen das Ende des 18. Jahrhunderts geführt sein (im Jahre 1765 wurden die Eichenhöfer und Wolfskauler Eisensteinbergwerke in den Aemtern Bornefeld und Hückeswagen verliehen); in neuerer Zeit ist er sehr unbedeutend gewesen.

Die Eisenerze in der Umgegend von Bensberg sind im Jahre 1740 einem Hofrath Gumpertz verliehen und auf einer bei Bensberg gelegenen Hütte verschmolzen worden. Nach Erschürfung der grossen Ablagerungen bei Miebach und Spitze und deren Verleihung im Jahre 1763 ist im Jahre 1770 die Hütte unterhalb Dürscheid am Dürscheider Bach errichtet worden. Mit vielen, oft langjährigen Unterbrechungen ist der Betrieb, welcher in 24 Stunden 3000 kg Roh- und Rohstahleisen lieferte, bis 1859 fortgeführt worden. In den folgenden Jahren bis zur Gegenwart sind dann die Erze auf der Friedrich-Wilhelms-Hütte bei Mülheim a. d. Ruhr zu Gute gemacht worden.

Kleine, mit denselben Erzen gespeiste Hüttenbetriebe haben stattgefunden bei Olpe an der Lindlarer Sülze, bei Junkersmühle an der Sülze, zwischen Paffrath und Schlebusch, zwischen Spitze und Bechem, wo sich noch Schlackenhalden und zum Theil Mauerreste finden.

---

1) Alphons Thun: Die Industrie am Niederrhein und ihre Arbeiter. 2. Theil: „Die Industrie des Bergischen Landes“. 1879. Leipzig bei Duncker & Humblot.

Zur Verhüttung der Thon- und Brauneisensteine der Gruben Selma, Bertha, Britannia, Albert und Eduard & Amalia wurde im Jahre 1846 die Britanniahütte bei Bergisch-Gladbach errichtet. Betrieb hat hier in mehreren kurzen Perioden mit langjährigen Unterbrechungen stattgefunden.

Die Erschürfung der Eisenerze bei Gruiten, Haan und Vohwinkel im Jahre 1847 führte zur Gründung der Eintrachtshütte bei Hochdahl, welche 1856 an die Aktiengesellschaft Bergischer Gruben- und Hüttenverein überging. Die vier Hohöfen der Hütte sind seit längerer Zeit schon auf nassauische und siegensche Eisensteine angewiesen.

Die tertiären Eisenerze der Wahnerheide sind auf der im Jahre 1836 gegründeten Friedrich-Wilhelms-Hütte bei Troisdorf, welche später an den Sieg-Rheinischen Bergwerks- und Hüttenverein, jetzt Sieg-Rheinische Gewerkschaft, übergegangen ist, verhüttet worden. Die Eisenerzgewinnung ist seit längeren Jahren eingestellt.

Raseneisenerze sind in der Hildener Heide in geringen Quantitäten gewonnen und auf der Hochdahler Hütte verschmolzen worden.

Die Spatheisensteine der Grube Schnepfenthal wurden in den Hohöfen der Gesellschaft Phönix zu Laar bei Ruhrort verhüttet.

Die Brauneisensteine der Gruben Catharina und Albert werden an westfälische Hüttenwerke abgesetzt.

Ausser den bereits genannten, im Reviere gelegenen Eisenhütten sind noch zu erwähnen die Hohofenanlage bei Mülheim am Rhein, welche anfänglich nach Rachette'scher Construktion ausgeführt, später umgebaut worden und in den Besitz des Bochumer Vereins für Bergbau und Gussstahlfabrikation übergegangen ist und nur kurze Zeit in Betrieb gestanden hat, ferner die im Jahre 1878 in Betrieb gesetzte Hohofenanlage der Gewerkschaft Carl Otto zu Urbach, sowie die aus drei Hohöfen grösster Dimensionen bestehende und mit den besten Betriebsvorrichtungen ausgestattete, im Jahre 1873 erbaute Germaniahütte bei Kalk. Neuerdings ist dieselbe in den Besitz des Rheinischen Hüttenvereins übergegangen, und auf ihr Ende Juni 1882 ein Hohofen angeblasen worden.

Im Jahre 1881 hat die Produktion der drei betriebenen Hohofenanlagen 90000 Tonnen Roheisen betragen, welche zum grössten Theile an rheinische und westfälische Werke abgesetzt, zum kleineren Theile (Spiegeleisen) nach England und Amerika exportirt worden sind.

Mit dem Hohofenbetriebe der Friedrich-Wilhelms-Hütte ist eine Giesserei zur Herstellung von Gusswaaren zweiter Schmelzung und eine Maschinenfabrik verbunden. Zahlreiche Giessereien, zum Theile mit Maschinenfabrikation, werden betrieben in den Städten Düsseldorf, Barmen, Mülheim a. Rh., Deutz, Kalk, Bergisch-Gladbach. Die Produktion an Gusswaaren zweiter Schmelzung hat im Jahre 1881 ca. 11000 Tonnen betragen.

Von grosser Bedeutung ist die Industrie zur Herstellung von Schweiss-

und Flusseisen. Es sind zu nennen die Werke von Flender, Schlüter & Vollrath, von Piedboeuf, Davans & Comp., der Düsseldorfer Eisen- und Drahtindustrie, der Düsseldorfer Röhren- und Eisenwalzwerke zu Düsseldorf, von Capito & Klein zu Benrath, von Böcking & Comp. zu Mülheim a. Rh., der Aktiengesellschaft Humboldt zu Kalk, der Gebrüder Reusch zu Vollberg, der Friedrich-Wilhelms-Hütte bei Troisdorf, sowie der Bergischen Stahl-Industrie-Aktien-Gesellschaft zu Remscheid und des Siegen-Solinger Gussstahl-Aktienvereins zu Solingen. Die Produktion des Jahres 1881 an Schweisseisen — Profil- und Handelseisen, Bleche, Draht — hat 100000 Tonnen, die an Flusseisen 15000 Tonnen betragen.

Ueber die gewerbliche Entwickelung der wichtigen Stahl- und Eisenwaaren-Industrieen von Solingen und Remscheid mögen hier nach dem bereits oben erwähnten Werke von A. Thun „Die Industrie am Niederrhein" noch einige Mittheilungen folgen.

Die Solinger Industrie theilt sich im Allgemeinen in die Schwert- und Messerfabrikation. Das älteste und vornehmste Gewerbe Solingens, dasjenige, wodurch es sich seinen Weltruf erworben, ist die Fabrikation von blanken Waffen, die Schwertfabrikation. Ihre Entstehung verliert sich im Halbdunkel der Sage. Die Einen lassen den Grafen Adolf IV. vom Berge aus dem Kreuzzuge mit Kaiser Barbarossa einige Damascener Waffenschmiede mitbringen; Andere behaupten, die Völker des Grafen Adolf VII. (1256—1296) hätten, als sie mit denen des Königs Eduard III. von England gegen Philipp von Frankreich gekämpft, von den Engländern die Kunst, Stahl zu bearbeiten, gelernt, auch seien die Klingen in den ältesten Zeiten aus purem Eisen gewesen, und die feinere Arbeit sei erst nach und nach eingeführt worden. Wiederum Andere sehen in den während der italienischen Kriege (1153—1173) aus Armata (Brescia), Bergamo und Steiermark eingewanderten Waffenschmieden die Gründer der Schwertfabrik; 1290 sei dann dieselbe durch eine zweite Einwanderung aus Steiermark vergrössert worden, und Jahrhunderte später, als Solingen durch die Spanier von den Niederlanden aus überfallen wurde, seien Soldaten zurückgeblieben, welche Waffenschmiede aus Toledo und Saragossa gewesen. Thatsächlich kann festgestellt werden, dass schon im 14. Jahrhundert der Graf Adolf vom Berge den Schwertfegern und Reidern ein Privilegium ertheilt hat, welches jedoch „von Noth Sachen verlustig worden ist".

Erst für das 15. Jahrhundert ergiebt sich aus den Privilegien folgendes Bild.

Die Betriebsform der Industrie war die handwerksmässige; die Masse der Arbeiter bestand im Wesentlichen aus selbstständigen Kleinmeistern, und diese waren in drei Bruderschaften, durch welche die Fabrikation, der Verkauf und die Preise der Waaren zwischen den Handwerksmeistern geordnet wurden, vereinigt, nämlich in die der Schwertschmiede (Privilegium vom

24. November 1472), der Härter und Schleifer (Privilegium vom Jahre 1401, Pauli Bekehrung), und der Schwertfeger und Reider (Privilegium vom 9. März 1412). An der Spitze jeder Zunft standen vier Rathleute und ein Vogt. Für die gemeinsamen Angelegenheiten der Industrie war im Jahre 1487 ein Ausschuss der Sechsmänner gebildet worden; diesen lag die Verwaltung und Rechtspflege ob, von ihnen ging die Berufung an den herzoglichen Obervogt.

Die Brüder des Schwertschmiede- und des Härter- und Schleiferhandwerks leisteten den Verbleibungseid; sie durften nicht das Land verlassen, nicht das Geheimniss der Fabrikation verführen und keinem Anderen die Kunst lehren, als ihren eigenen Söhnen, nur die Schleifer auch ihren nächsten Verwandten, falls die Söhne des Vaters Amt nicht kannten. Alle drei Bruderschaften waren gegen einander abgeschlossen; jedem Handwerk standen besondere Arbeitsbefugnisse zu. Den Schwertfegern und Reidern, welche die einfachste Technik besassen, war kein Verbleibungseid auferlegt und das Reisen ausser Landes gestattet; sie scheinen hierdurch besondere Gelegenheit zum ausgedehnteren Betrieb des Klingenhandels erlangt zu haben. Die gesteigerte Nachfrage nach Schwertern und der Aufschwung der Fabrikation entwickelten den Handel; die wichtigsten Reisen waren im 16. Jahrhundert die zu den vier Hauptmärkten in Antwerpen. In dem Maasse, wie sich die Verbindungen Solingens ausdehnten und einzelne Händler, welche zugleich auch Handwerksmeister gewesen, sich ausschliesslicher dem Handel widmeten, bildete sich nach und nach ein selbstständiger Kaufmannsstand. Zu gleicher Zeit ging der handwerksmässige Betrieb in den hausindustriellen über. Immer seltener wurde es, dass die Schmiede selbst ihre Schwerter verhandelten, immer allgemeiner arbeiteten sie, wie die übrigen Arbeiter, nach den Angaben der Kaufleute; diese übernahmen die Lieferungen von Eisen, Stahl und anderen Rohstoffen.

Dieser Wechsel des Betriebssystems vollzog sich im 17. Jahrhundert, und aus ihm ging ein langwieriger Kampf um den Preis der Lohnarbeit hervor, welcher durch die Codifikation des gesammten Zunftrechts vom 18. November 1687 zu Gunsten des früheren Betriebssystems beglichen werden sollte. Eine drückende Concurrenz entstand den Schmieden überdies seit dem 16. Jahrhundert durch das Eindringen des mechanischen Betriebes beim Zusammenschweissen von Eisen und Stahl, indem der mit Wasserkraft arbeitende Hammerschmied ein Vielfaches von der Arbeit des gewöhnlichen Schwertschmiedes zu leisten vermochte.

Eine Revolution in den Absatzverhältnissen vollzog sich im 17. Jahrhundert. Im Mittelalter führte Jeder seine eigene Waffe, der Begehr war allgemein und decentralisirt, Solingen dafür aber der einzige Produktionsort im Norden der Alpen; der Solinger Kaufmann war ziemlich sicher, auf jeder Messe seinen Absatz zu finden. Als aber die Sicherung des Verkehrs und die Vertheidigung nach aussen von Staatswegen erfolgte und die Staaten die

Ausrüstung ihrer stehenden Heere selbst zu besorgen anfingen, wurden die Bestellungen weniger grosser Staaten für die Industrie, für ihre jeweilige Lage und Verfassung massgebend. Manche Staaten legten, um in der Erzeugung ihres Kriegsbedarfs unabhängig zu werden, eigene Waffenfabriken an; die Fabrikation von einfachen Klingen wurde sogar im Jahre 1661 von eidvergessenen Handwerksbrüdern nach Eilpe übertragen und ging bald ganz in's Märkische verloren, weil ihr Hauptwerth auf den dort billigeren Kohlen und Eisen beruhte. In ihren Produktionsbedingungen ungünstiger gestellt, ihrer sichersten Stapelartikel verlustig gegangen, von mehreren Märkten abgedrängt, wurde die Solinger Waffenindustrie auf ein immer kleineres Absatzgebiet angewiesen; je häufiger und anhaltender die Stockungen im Absatz und in der Fabrikation wurden, desto mehr wuchs die Macht derer, welche dieselben überdauern konnten. Es bildete sich daher in Rücksicht auf Kenntnisse und Vermögen immer mehr eine Kaufmannschaft heraus, und auch nur mit solchen leistungsfähigen Kaufleuten traten die Staatsregierungen in Geschäftsverkehr. Langwierige Streitigkeiten brachen zwischen Arbeitern und Kaufleuten hinsichtlich der Löhne und der Preise der Rohmaterialien aus, welche zu der durch Vergleiche entstandenen Satzordnung vom Jahre 1757 führten.

Während der Kriegsjahre zu Ende des vorigen und im Anfange des gegenwärtigen Jahrhunderts brach die Zunftverfassung allmählich zusammen und wurde mit dem Eintritt der Fremdherrschaft durch Dekret vom 3. November 1809 aufgehoben. Die Waffenvorräthe wurden bei Truppendurchmärschen vielfach verschleppt, und unter den Arbeitern trat eine vollständige Desorganisation ein.

In dem dann folgenden Befreiungskriege hatte Solingen einen gut und baar zahlenden Kunden an der Preussischen Regierung erworben. Während der ersten Hälfte unseres Jahrhunderts blieben Preise und Löhne auf einer angemessenen Höhe, doch engte sich der Kreis der Abnehmer fortdauernd ein, da die verschiedenen Staaten bestrebt waren, im eigenen Lande die Waffenindustrie heimisch zu machen und durch Anwendung maschineller Einrichtungen bei der Fabrikation und Vereinfachung der Bewaffnung billiger, als in Solingen, zu produciren. Die Folge war, dass die Produktionsfähigkeit der dortigen Waffenindustrie den dauernden Bedarf überstieg. Die Verhältnisse schienen sich zu bessern, als seit dem Jahre 1871 die Retablirung der Waffen mit grosser Schnelligkeit vorgenommen wurde; da aber der Bedarf ein vorübergehender war und die Preise durch die Concurrenz auswärtiger Fabriken beträchtlich sanken, so konnte die Solinger Waffenindustrie hieraus einen nachhaltigen Nutzen nicht ziehen.

Die Messerfabrikation scheint von jeher ein Hauptzweig der Solinger Industrie gewesen zu sein. Neben den grossen Messern, wie Schwerter, Degen, Hauer, werden stets auch die „kleinen Messer" genannt, und den Schwertschmieden wird das Recht vorbehalten, an denselben zu arbeiten. Zu einem selbstständigen Handwerk wurde dieses Gewerbe erst, als es am 14. Januar 1571 ein Privilegium erhielt, doch waren den drei Bruderschaften der Schwertindustrie sämmtliche Rechte vorbehalten. Das Messermacherhandwerk sah sich hierdurch einer sehr unbequemen Concurrenz ausgesetzt und wurde in seiner wirthschaftlichen Stellung in der Folge noch durch den Einfluss bedrängt, welchen die sogenannten Fertigmacher einzunehmen begannen. Als nämlich im 16. Jahrhundert die Art der Messer mannigfaltiger und complicirter wurde, und die Schmiede, vor Allen die nur aushülfsweise an den Messerklingen beschäftigten Schwertschmiede, immer seltener auch die Nebenarbeiten auszuführen verstanden, nahm durch weitergehende Arbeitstheilung die Zahl der Hülfsarbeiter zu, der gegenüber die Fertigmacher die in zerstreuten Werkstätten und in verschiedenen Stadien umgehende Fabrikation leiteten und die Materialien lieferten. Es vollzog sich daher bei der Messerfabrikation schon früher die Entwicklung vom handwerksmässigen zum hausindustriellen Betriebe; die selbstständigen Messermacher sanken allmählich zu lohnarbeitenden Meistern herab. Den Verkauf besorgten theils die Schwertkaufleute, theils die Fertigmacher. Aus beiden Gruppen ging im weiteren Verlauf die sog. privilegirte Kaufmannschaft hervor, welche zu den Bruderschaften gehörte. Neben ihr blieben aber auch unprivilegirte oder wilde Kaufleute bestehen, die, nicht zum Messerhandwerk gehörig, die Handelsberechtigung gegen Erlegung einer Taxe erlangt hatten und neben Wolle, Remscheider, Lüttringhauser und Elberfelder Artikeln auch mit Messern Handel trieben. Nach längeren Verhandlungen zu Burg unter Vorsitz des Amtmanns wurde am 22. December 1596 eine Verordnung erlassen, welche den Interessen des Handwerks in der Richtung einer Einschränkung der Concurrenz der Schwertbrüder, wie der Uebermacht der Fertigmacher vollkommen Rechnung trug. Es folgte nun eine kurze Zeit, in welcher die Messermacher ausreichenden Verdienst fanden, dann aber trat durch Ueberproduktion und Waarenverschlechterung eine merkliche Störung ein. Um grösserem Uebel vorzubeugen, wurde am 10. März 1603 eine Verordnung erlassen, durch welche Garantieen für die Tüchtigkeit der Waaren geschaffen werden sollten, und weitere Verordnungen vom 10. October 1623, 28. Juli 1644, 21. October 1653 und 27. September 1658 regelten wiederholt in beiden Richtungen den den Messermachern gewährten Schutz des Handwerks. Wie bei der Schwertindustrie, so wurde auch hier das Zunftrecht des handwerksmässigen Betriebes durch die Codifikation vom 18. November 1687 formell vollständig restaurirt.

Mit dem Ende des 17. Jahrhunderts endigte indessen der handwerksmässige Betrieb und der Kampf der gleichstehenden Meister unter einander. Es begann der Kampf der Lohnarbeiter gegen die Arbeitgeber mit dem Eintritt des hausindustriellen Betriebes. Eine lebhafte Concurrenz der Arbeitgeber, nämlich der privilegirten und unprivilegirten Kaufleute und der Fertigmacher unter einander trat hervor, ein allgemeines Sinken der Waarenpreise war die Folge, dem wiederum die Lieferung geringeren Rohmaterials und ein Druck auf die Arbeiterlöhne seitens der Kaufleute folgte. Dem gegenüber einigten sich die Meister aller Handwerke; die Zünfte blieben bestehen, aber aus Bruderschaften zu genossenschaftlicher Arbeit mit gewerbepolizeilichen Funktionen wurden Kampfvereine zur Erzwingung günstigerer Arbeitsbedingungen. Das 18. Jahrhundert ist durch Kämpfe um die Arbeitslöhne erfüllt; am 8. October 1789 endlich wurde eine Satzordnung bestätigt, durch welche die Löhne der Arbeiter und die Preise der Materialien, die zu leistende Arbeit geregelt, auch die Verfassung der Kaufmannschaft dahin geändert wurde, dass die mächtigste Gruppe der privilegirten Kaufleute die schwächeren, unprivilegirten und die Fertigmacher im Handel beschränkte. Mit der langen Kriegsperiode, welche am Ende des vorigen Jahrhunderts begann, brach dann diese mühsam hergestellte Ordnung zusammen.

Das letzte Gewerbe, dem es gelang, vor Auflösung aller Bruderschaften eine zunftmässige Verfassung zu erlangen, war die Scheerenfabrikation. Sie war bereits seit geraumer Zeit durch unprivilegirte Arbeiter eingeführt worden, zählte im Jahre 1793 etwa 190 selbstständige Meister und brachte durch die Kaufmannschaft jährlich 450 000 bis 480 000 Mark aus fremden Ländern ein. Unter den Handwerkern aber fehlte jeder Zusammenhang; jeder Pfuscher konnte Meister werden und den Ruf der Waaren verderben. Unter Zustimmung der übrigen Zünfte kam das Statut vom 17. Januar 1794 zu Stande.

Neue Industriezweige wurden in der Folge von einzelnen Unternehmern eingeführt. So entstand in Solingen die sog. englische Politur der Scheeren, Scheermesser, stählernen Gefässe, chirurgischer Instrumente im Anfange des gegenwärtigen Jahrhunderts; später folgte die Fabrikation der Regen- und Sonnenschirmgestelle, dann die Industrie der Stahlbügel zu Etuis, Portemonnaies und Taschenbüchern; seit dem Jahre 1860 nahm die Revolverfabrikation einen raschen Aufschwung, doch blieb bei letzterer die Concurrenz der Lütticher Fabriken sehr fühlbar. Endlich wurden noch Stiefeleisen und Zuckerformen, eiserne Kasten, Potten und Eimer im Solinger Industriebezirke fabricirt.

Noch immer ist in Solingen die herrschende Betriebsform, wie früher, die hausindustrielle. An der Spitze der Industrie stehen die Kaufmannschaft und der Fabrikantenstand. Erstere kauft gewöhnlich die fertige Waare, lässt aber auch stückweise fabriciren; der letztere lässt gegen Lohn fabriciren und verkauft seine fertige Waaren an den Kaufmann, häufig aber treibt er auch direkten Handel. Beide Klassen der Arbeitgeber liefern Stahl und Eisen zu den Klingen der Schwerter, Messer, Scheeren und lassen dieselben nach ihren Angaben von den Schmieden, Härtern, Schleifern etc. bearbeiten; nach jedem

Arbeitsstadium kehrt das Halbfabrikat in das Comptoir zurück, um dort besichtigt und abgelohnt zu werden. Ein beträchtlicher Theil der in den Hülfsgewerben beschäftigten Arbeiter, wie die Gabel-, Scheiden-, Gefäss-, Hefte- und Bändemacher kaufen sich selbst das Material. Die technischen Fertigkeiten, welche den Ruhm Solingens bilden, beruhen noch immer bei der hausindustriellen Betriebsform; die Leiter der Technik sind die Fabrikanten und Kaufleute; doch vollzieht sich langsam der Uebergang zum eigentlichen Fabrikbetriebe.

Eng verschwistert mit der Solinger Industrie waren seit jeher die Sensenschmiederei bei Kronenberg und die Handschmiederei von Stabeisen bei Remscheid und Kronenberg. Die Einwanderung der durch Herzog Alba's Schreckensherrschaft vertriebenen Niederländer wurde Veranlassung, das Handwerk gegen die Fremden abzuschliessen und fester zu organisiren. Das älteste Privilegium vom 5. Juli 1600 redet von „Waaren und Waffen“; dies wurde erlassen für die in den Aemtern Elberfeld, Beyenburg, Burg und Bornefeld ansässigen Sensenschmiede, Sensen- und Stabschleifer. Der Hauptsitz der Industrie war Kronenberg, denn aus diesem Orte sollte der Vogt zwei Jahre nach einander gewählt werden, das dritte Jahr aus Remscheid oder Lüttringhausen; von den sieben Rathleuten stellte Kronenberg drei, und daselbst war auch der Sitz des Gerichts.

Die Betriebsform der Industrie war die handwerksmässige und ihre Verfassung eine einfache, da die Schmiede in eigener Werkstatt das Material ohne Arbeitstheilung verarbeiteten; die Schleifer allein waren ihre Lohnarbeiter. Streitigkeiten zwischen diesen beiden Klassen kamen nicht vor, beide fanden ihr Auskommen. Kein Bruder durfte auswandern; dafür war aber ihre Zahl auf die damaligen Meister beschränkt; zu ihnen gehörten auch sieben Kaufleute, zum Theil in Solingen, welche mit Sicheln, Sensen und Schneidemessern handelten. Das Meisterrecht erwarben nur eheliche Meistersöhne; kein Schmied durfte das Schleiferhandwerk und umgekehrt erlernen. Die Ordnung des Absatzes, die Festsetzung der Waarenpreise und die Regelung der Produktion und Technik waren der Zunft bezw. dem Vogt und Rath mit Wissen der herzoglichen Beamten vorbehalten. Die Sorge für das allgemeine Beste, die Rechtsprechung wegen Kauf, Marktgutlieferung, Schleifen, Zeichenschlagen, Schmiedeknechte, verwirkte Strafen, lagen dem Vogt und den Rathleuten ob mit der Berufung an den herzoglichen Obervogt. Das Schmiedehandwerk war hiernach eine geschlossene, erbliche Zunft, die eifersüchtig über ihre Privilegien wachte.

Da fand nach Aufhebung des Ediktes von Nantes eine zweite Einwanderung statt; die alten Meister wollten die Fremdlinge nicht dulden, es entstanden Streitigkeiten, und mehrere Schmiede wanderten im Jahre 1687 in die Grafschaft Mark aus, wo sie am Gevelsberg, an der Enneper Strasse, bei Hagen und Eilpe billigere Kohlen und Eisen, treffliche Wassergefälle für

Hammerwerke und Schleifkotten, wohlfeilere Lebensmittel und volle Gewerbefreiheit vorfanden. Dadurch stellten sich auch die Arbeitslöhne und Waarenpreise billiger; bei grossen Bestellungen und neuen Mustern waren die Kaufleute nicht mehr an die Prätensionen einiger privilegirter Handwerker gebunden, und so kam es, dass Kronenberg seine alte Industrie der weissen Sensen vollständig verlor. Im Jahre 1759 zählte man im ganzen Kirchspiel nur noch 6 bis 7 Sensenschmiede; im Jahre 1770 war die Produktion im Märkischen schon 25 mal grösser, als im Bergischen.

Die wiederholte Einwanderung vertriebener Protestanten hatte wichtige Folgen für die Ausbildung der Technik und die Anknüpfung neuer Handelsbeziehungen. Da Kronenberg durch seine alte Industrie besetzt war, wurde Remscheid der Mittelpunkt der neuen Industrie und der neuen Kaufmannschaft. Den Niederländern verdankt die Gemeinde die Anlage von Hammerwerken, welche bald die Handschmiederei des Eisens in den „Iser-Hütten" verdrängten. Die Franzosen vervollkommneten die Schleiferei, und bis zum Jahre 1853 war die Mehrzahl der Kotten im Besitze einer Familie, welche ihren Ursprung von den Flüchtlingen ableitet, Pickard aus der Pickardie. Eine Reihe neuer Artikel wurde bekannt, und deren Zahl nahm um so rascher zu, als die Fremdlinge Beziehungen zu ihrer alten Heimath unterhielten und Handelsreisen dorthin unternahmen. So bürgerten sich neben den bekannten landwirthschaftlichen Geräthen, wie Sensen, Sicheln, auch Hausgeräthschaften, Handwerkszeuge, Schlösser etc. in Remscheid ein. Je mehr die früheren Artikel auswanderten, desto wichtiger wurde es, neue aufzugreifen. Die Folge war, dass am Ende des 17. und am Anfange des 18. Jahrhunderts von allen Seiten fleissige Arbeiter sich einfanden, um ihre Kunst an den neuen Waaren zu üben. Endlich wurden sie so zahlreich, dass sie um ein Privilegium nachsuchten, welches ihnen am 31. März 1759 bewilligt wurde und die Arbeiter unter dem Namen des 16 Kleinschmieds-Handwerks zusammenfasste.

Die Zunft bildeten alle bisherigen Meister; neu aufgenommen wurden nur die in christlicher Ehe und im Herzogthum Berg Geborenen. Dieselben mussten schwören, nicht auszuwandern, auch nicht das Handwerk ausser Landes zu übertragen oder es Fremden zu lehren. In dieser Bestimmung spiegelte sich die Furcht vor der märkischen Concurrenz. Jeder Meister durfte mehrere Gewerbe ausüben, auch Handel in's Ausland betreiben, musste sich jedoch dann des Handwerks auf ein Jahr begeben. Die Waarenpreise wurden vom Vogt und Rath mit Zuziehung zweier Kaufleute, also nicht einseitig, wie damals in Solingen, festgesetzt; auf gute Waare sollte geachtet werden. Der Vogt wurde auf vier Jahre vom landesherrlichen Obervogt aus der Zahl der Remscheider Meister ernannt; diese erwählten 4, die Kronenberger 2, die Lüttringhauser Meister 1 Rathmann.

Die Betriebsform der Industrie war in Remscheid die handwerksmässige; die einzigen Lohnarbeiter waren die Schleifer. Diese besassen ein thatsächliches und rechtliches Monopol; im Wesentlichen gehörten die Kotten der Familie Pickard, und dieser allein stand das Recht zu, die in der Remscheider Industrie gefertigten Waaren zu schleifen; sie war dadurch in den Stand gesetzt, die Löhne auf einer gewissen Höhe zu erhalten. Die Schmiede begannen den Kampf gegen dieses Monopol, die Schleifer aber behaupteten letzteres durch das ganze 18. Jahrhundert und mit ihm auch die hohen Löhne.

Diese Situation änderte sich später völlig dadurch, dass Remscheid seinen Hauptmarkt, Frankreich, verlor, wo hohe Eingangszölle auf grobe und feine Stahlwaaren gelegt wurden und concurrirende Industrieen entstanden. Die Sensen- und Kleinschmiede fühlten, dass durch das Monopol der Schleifer die Löhne und Preise vertheuert und damit die Concurrenz gegen das Ausland erschwert würde. Da sie bei ihren einfachen Artikeln und der daraus folgenden geringen Arbeitstheilung selbstständige Fabrikanten waren und die Schleifer ihre Lohnarbeiter, so stimmten in diesem Falle ihre Interessen mit denen der Kaufleute überein. Der Kampf gegen das Monopol der Schleifer brach im Jahre 1797 von Neuem aus, und im Jahre 1803 wurden sämmtliche Privilegien aufgehoben.

Von besonderer Bedeutung für die Entwickelung der Remscheider Industrie war die Herausbildung der Kaufmannschaft. Am Anfang des vorigen Jahrhunderts gab es dort nur 3 oder 4 Kaufleute, erst allmählich gingen dieselben in grösserer Zahl aus dem Stande der Handwerksmeister, namentlich der Hammerschmiede, hervor; andererseits waren die Kaufleute bestrebt, die Hammerwerke an sich zu bringen und hierzu auch vermöge ihres grösseren Kapitalbesitzes befähigt, welcher denselben den Betrieb der wichtigen Geschäfte mit Stabeisen und Stahl ermöglichte. Die Kaufleute legten den concurrirenden Meistern Beschränkungen im Handelsbetriebe auf, dafür erhielt die Zunft das Recht, in Gemeinschaft mit den Kaufleuten die Waarenpreise zu bestimmen. Als dann in Folge des siebenjährigen Krieges alle Absatzwege unsicher und die Produktion gehemmt, die Lebensmittel vertheuert und die Zufuhren der Materialien erschwert waren, geriethen die Schmiede in grosse Noth und forderten die Aufrechthaltung verbindlicher Waarenpreise und die Abnahme des Verbleibungseides, da viele Genossen bereits ausser Landes gezogen waren. Ein in den Jahren 1760 bis 1765 gemachter Versuch der Kleinschmiede, durch Aufstellung eines Tarifs für die Waarenpreise und durch Ausschluss der märkischen Concurrenz ihre Lage zu verbessern, ist bei dem fortgesetzten Widerspruch der Kaufleute ohne weiteren Erfolg gewesen.

Um diese Zeit gesellte sich zu den bisherigen Industrieen eine dritte, die der sog. schwarzen Sensen, welche seit altersher in Steiermark betrieben worden war und im Jahre 1772 im Hammerwerke von Gottlieb Hallbach bei Müngsten durch einen gewissen Böntgen eingeführt wurde, dessen Bruder auf seinem Transport durch Steiermark als märkischer Gefangener dort Kenntniss des geheim gehaltenen Verfahrens erlangt hatte. Da diese Fabrikation freigegeben und mit grossem Erfolge betrieben wurde, so überflügelten bald die schwarzen Sensen die weissen.

Bis zum Ende des 17. Jahrhunderts hatten sich die Kaufleute in den Besitz fast aller Hammerwerke gesetzt, doch war der Absatz der an sich nicht werthvollen, schweren Remscheider Artikel vermöge ihrer grossen Zahl und Verschiedenartigkeit ein schwieriger; grosse Reisen mit ihnen allein lohnten sich nicht hinreichend, keine andere Kaufmannschaft wollte sich mit denselben belasten. Da nahmen die Kaufleute auch andere leichtere und werthvollere Artikel mit, und es wurde hierdurch in Remscheid ein Handelsplatz geschaffen, dessen Namen auf dem Weltmarkte allgemein bekannt ist.

Die ersten Handelsbeziehungen nach Holland und Brabant knüpfte ein Kaufmann im Jahre 1676 an; vom Jahre 1740 ab wurden Frankreich, Brabant und Holland dem Absatze eröffnet. Seitdem drangen die betriebsamen Kaufleute siegreich bis nach England, Spanien, Russland, Polen, Dänemark, Scandinavien und Westindien vor. Im Jahre 1809 wurden auch Italien, die Levante, das Cap der guten Hoffnung als ihre Märkte genannt; alle Länder wurden persönlich bereist, und in Nord-Amerika waren schon damals von fünf Remscheider Firmen Handlungshäuser etablirt. Ueber immer weitere Länder, aber auch über immer mehr Waaren dehnten die Kaufleute ihre Operationen aus. Sie sind heute Commissionäre geworden und betreiben grosse Exportgeschäfte. Neben ihnen steht eine grosse Menge selbstständiger Kleinmeister, doch führt eine ununterbrochene Stufenleiter von unten zu den kaufmännischen Höhen empor, die Mittelglieder fehlen nicht. Die Leitung der Technik liegt noch immer in den Händen von selbstständigen Meistern; die handwerksmässige Betriebsform hat sich erhalten und bestimmt noch heute den Typus der Industrie; doch handelt es sich bei der drückenden Concurrenz auch hier, wie in Solingen, um einen beschleunigten Uebergang zu dem modernen Betriebssystem der Manufaktur und des Fabrikwesens.

C. Blei-, Zink- und Kupfererzlagerstätten.

1. Vorkommen im Lenneschiefer.

Nördlich der Gladbacher Kalksteinmulde sind in dem Lenneschiefer nur ganz vereinzelte Vorkommen der genannten Erze bekannt, obgleich hier vielfache Schürfarbeiten ausgeführt worden sind. Südlich der Mulde dagegen tritt eine ungemein grosse Zahl von Erzlagerstätten auf, welche, wie hier gleich bemerkt sein mag, ohne Ausnahme gangartiger Natur sind. Ganz in der Nähe des Kalksteins beginnend, verbreiten sie sich östlich und südlich bis an den Brölbach und die Sieg; gegen Norden scheinen sie über den Dürscheider- und den Lennefer-Bach nicht fortzusetzen. Die bei Weitem grösste

Zahl führt Blei- und Zinkerze und nur ganz untergeordnet Kupfererze, während auf einer kleineren Anzahl Kupfererze ausschliesslich oder ganz überwiegend vorkommen.

Nach ihrer Ausfüllungsmasse lassen sich einige Gänge an der unteren Sieg als eine besonders zu betrachtende Gruppe ausscheiden. Die übrigen Gänge werden in einer zuerst zu beschreibenden Gruppe zusammengefasst.

a. Erzlagerstätten südlich der Kalksteinmulde.

Erste Gruppe.

Allgemeine Charakteristik.

Die Erzlagerstätten durchsetzen ohne Ausnahme im Streichen und Einfallen das Nebengestein, woraus sich ihr Gangcharakter ergiebt.

Das Streichen derselben geht durch alle Stunden des bergmännischen Compasses. Das Nebengestein wird meistens unter mehr oder weniger spitzen, zuweilen unter nahezu rechten Winkeln durchsetzt. Das Einfallen ist immer steiler, als das des Nebengesteins, zwischen 60 bis 70°, seltener flacher bis zu 45° herab. Die Einfallsrichtung ist meist übereinstimmend mit der des Nebengesteins.

Sehr verschieden ist die Entwickelung der Gänge nach ihrer Mächtigkeit und inneren Zusammensetzung.

Die grösste Zahl der Gänge hat eine geringe Mächtigkeit von einigen Metern bis zu 0,5 m und weniger herab. Die Saalbänder derselben sind meist scharf ausgeprägt, theils als trockene Klüfte, theils als Lettenbestege. Die Gangmasse besteht, abgesehen von den Erzen, aus zersetztem Thonschiefer mit Bruchstücken von Grauwacke und Schiefer und ist durchzogen von Quarztrümmern in wechselnder Häufigkeit.

Wird die Mächtigkeit der Gänge grösser, so zeigt die Gangmasse wohl noch theilweise diese breccienartige Struktur, mehr und mehr aber tritt eine schichtenweise Anordnung in derselben hervor. Die einzelnen Schichten sind durch zahlreiche, sie durchsetzende Klüfte, Schnitte, in sich zertrümmert; sie sind geknickt, gebogen, gefaltet, verschoben, so dass der Zusammenhang der einzelnen Schichten verschwunden ist. In mächtigen Gängen oder Gangpartieen aber erscheint jene schichtenweise Anordnung in der Gangmasse auf grössere Erstreckung hin oft so regelmässig, dass dieselbe namentlich dann, wenn sie ohne Erzführung ist, ein vollkommen lagerartiges Ansehen erhält. Das Streichen und Einfallen solcher zu den dortigen Erzlagerstätten gehörenden Schichten ist übereinstimmend mit dem des Nebengesteins, das Einfallen wohl etwas steiler, und es wechseln Grauwacke, Grauwackenschiefer und Thonschiefer in derselben Weise, wie in dem Nebengestein; hier wie dort herrscht bald das eine, bald das andere Gestein vor.

In diesen mächtigen Gängen unterscheiden sich die grauschwarzen bis dunkelbläulich-schwärzlichen Schiefer von denen des Nebengesteins durch ein zwar mehr oder minder häufig, aber auf allen Gängen ohne Ausnahme auftretendes, dem Steinmark ähnliches Mineral von weisser und gelblicher Farbe, das theils in Anflügen auf den zahlreichen Kluftflächen sich verbreitet, theils in stärkeren Partieen sich abgelagert hat, so dass die Schiefer ein geflecktes Aussehen erhalten. Neben diesem für die Gänge ganz charakteristischen Mineral finden sich untergeordnet feine Quarzschnüre, welche die Schiefer durchziehen. Die Schiefer sind in verschiedenem Grade zersetzt, zuweilen bis zu weichem Letten, der Bruchstücke oder grössere Partieen festeren Schiefers einschliesst. Aus den Schiefern sind auch entstanden zähe, consistente Thonmassen von dunkelschwarzer Farbe, welche sowohl in der Nähe des Hangenden und Liegenden, als auch innerhalb der Gangräume sich häufig finden und meistens Rutsch- und Spiegelflächen zeigen. Schiefer von schmutzig röthlicher und grünlicher Farbe und meistens gefleckt kommen als Einlagerungen in verschiedener Mächtigkeit vor; sie sind nur wenig zersetzt und bilden compacte Massen mit geringer Schieferung; Steinmarkanflüge sind dort selten.

Die Grauwacke in ihren verschiedenen Uebergängen unterscheidet sich von der des Nebengesteins durch die Steinmarkanflüge auf den Kluftflächen, durch feine Quarzschnüre, welche sie in wechselnder Häufigkeit durchziehen, durch dünne Ueberzüge von Quarz auf den Bruchflächen und häufigere Ausscheidungen kleiner Quarzpartikel.

Selten sind diese Ausscheidungen in der Gesteinsmasse so häufig, dass dieselbe von Kieselsäure durchtränkt, silicificirt, erscheint; die Schichtungsklüfte, sonst durchgängig deutlich wahrzunehmen, werden dann wohl undeutlich und verschwinden ganz, so dass das Gestein einen massigen Charakter annimmt. Zuweilen finden sich auch schmale Trümmer derberen Quarzes oder drusige Partieen mit Quarzkrystallen. In derben, mächtigen Partieen aber nimmt der Quarz nur äusserst selten an der Constitution der Gangmasse wesentlichen Antheil, er tritt im Allgemeinen nur ganz untergeordnet auf.

Kalkspath kommt zuweilen in feinen Schnüren oder in dünnen Lagen von faseriger Struktur vor.

Auf allen Gängen, jedoch in verschiedener Häufigkeit, findet sich Spatheisenstein, theils mit den Erzen in der Gangmasse fein eingesprengt und mit derselben verwachsen, theils dieselbe in Trümmern verschiedener Mächtigkeit durchsetzend, zuweilen von solcher Stärke, dass derbe Stücke ausgehalten werden können, wie bereits oben bemerkt worden ist.

Die mächtigen Gänge und Gangpartieen bestehen somit, von den Erzen zunächst abgesehen, ihrer Hauptmasse nach aus in verschiedenem Grade in der Lagerung gestörten und in der Beschaffenheit veränderten, unzweifelhaften Schichten des Lenneschiefers; nur untergeordnet treten Mineralien auf, welche sonst die Hauptausfüllung der Gänge ausmachen.

Die Saalbänder dieser Gänge und lokalen Gangerweiterungen sind oft auf längere Erstreckung am Hangenden oder Liegenden zu beobachten, die Schichten des Nebengesteins stossen dann gewöhnlich mit flacher Lagerung an ihnen ab. Häufig sind scharfe Begrenzungen nicht festzustellen und die Saalbänder nicht zu beobachten. Zum Theil werden sie undeutlich dadurch, dass das Nebengestein aus zersetzten Schieferschichten besteht und sich wenig von der Gangmasse unterscheidet. Es scheinen indess auch im Zusammenhange durchsetzende Saalbänder zu fehlen, das zertrümmerte Gestein der Gangmasse scheint allmählich in weniger zerklüftetes und endlich in regelmässige Schichten überzugehen.

Die Erze, von welchen weiter unten die Rede sein wird, sind selten in den Gangräumen gleichmässig verbreitet; meistens sind sie in einzelnen, durch in Reihen auf einander folgende taube, bezw. erzarme Partieen getrennten Erzmitteln von sehr verschiedener Länge angehäuft. Sie kommen meistens eingesprengt vor, in wechselnder Menge und Grösse der einzelnen Partikel in der Gangmasse verbreitet. Häufig ist eine trümmerartige Struktur; Erztrümmer mit scharfer Begrenzung durchsetzen die Gangmasse nach allen Richtungen. In mächtigen Gangpartieen bilden die Erze nicht selten mächtige, compakte Massen, welche zuweilen eine eigenthümliche lagenweise, an Schichten erinnernde Absonderung zeigen. Zuweilen ist auf Klüften, welche die Gangmasse durchziehen, eine band- oder lagenweise Textur zu beobachten, z. B. auf der Grube Uhland, wo auf Grauwacke Lagen von Bleiglanz, dann Spatheisenstein, Bleiglanz, Blende, Quarz und wieder Blende in 5 bis 15 mm Stärke folgen. Lagenförmige Textur, von den Saalbändern ausgehend, ist nirgends zu beobachten. Die Erzmittel, die bauwürdigen Anhäufungen der Erze im bergmännischen Sinne, nehmen zuweilen die ganze Mächtigkeit der Gänge ein, wobei sich am Hangenden oder Liegenden reichere Partieen befinden. Häufig treten sie mehr im Inneren der Gangräume auf, theils allmählich in taubes Gestein übergehend, das durch die Saalbänder begrenzt wird, theils auch mit scharfen Begrenzungen im Hangenden und Liegenden, selbst mit Lettenbestegen; derartige Begrenzungen werden gebildet durch die Trümmerstruktur der Erze oder durch Gesteinsschnitte, Ablösungen, auch wohl durch Schichtungsklüfte, und können nicht als eigentliche Saalbänder angesehen werden. Die Mächtigkeit der Erzmittel wechselt häufig, und es erscheinen letztere hierdurch als eine Reihe knollen- und zuweilen linsenförmig gestalteter Körper. Mit wenigen Ausnahmen, so auf der Gruppe Apfel, wo das östlichste Mittel des Apfeler Ganges in einer grossen Gangerweiterung quer zum Streichen des Ganges lag, ist das Streichen der Erzmittel im Ganzen übereinstimmend mit dem der Gänge. Im Einfallen setzen die Erzmittel theils bis zu grossen Tiefen zusammenhängend nieder, theils verdrücken oder verunedeln sie sich, wobei sie sich häufig trichterförmig verkürzen, während sich in den tieferen Sohlen andere, nach oben nicht durchsetzende Erzmittel anlegen. Ein regelmässiges, constantes Einschieben der Mittel findet nicht statt.

Als Beispiele von Gängen des vorbeschriebenen Verhaltens können diejenigen der Gruben Jungfrau, Apfel und Castor angeführt werden. Der bis zu 8 m mächtige Gang der Grube Jungfrau ist auf eine Länge von 400 m überfahren, wobei mehrere kurze, zuweilen nesterartige Erzmittel aufgeschlossen wurden. Der Apfeler Gang setzt bei meistens scharf ausgeprägten Saalbändern und bei einer bis zu 10 m betragenden Mächtigkeit auf eine Länge von 700 m durch, die Erzführung trat in mehreren getrennten Mitteln auf. Der Maxgang der Grube Castor, meist durch besonders im Hangenden scharfe Saalbänder begrenzt, hatte bei einer Mächtigkeit von 18 m, die sich stellenweise verringert und gegen Westen bis zur vollständigen Verdrückung abnimmt, in der Stollensohle auf eine Länge von 240 m zusammenhängend bauwürdige Erzführung. Der Castorgang derselben Grube, im westlichen Felde bei geringer Mächtigkeit mit scharfen Saalbändern ausgeprägt, erweitert sich gegen Osten bis zu einer Mächtigkeit von 40 m. In den vorwiegend die Gangmasse bildenden, regelmässig gelagerten Grauwackenschichten setzen nahe am Hangenden mehrere getrennte Erzmittel auf, deren eines in der Stollensohle eine Länge von 150 m hatte, während der übrige Theil der Gangmasse von kleinen Erztrümmern und zerstreuten Partieen eingesprengter Erze durchzogen war.

Der eben erwähnte Castorgang führt über zu einer Anzahl sehr wichtiger Erzlagerstätten, welche complicirtere Verhältnisse haben. Es treten hier in querschlägiger Richtung mehrere auf einander folgende, unzweifelhaft gangartige Lagerstätten auf, deren Einzelverhalten im Ganzen mit demjenigen der vorher geschilderten einfachen Gänge übereinstimmt.

Ihre Masse besteht ebenfalls im Wesentlichen aus den unzweifelhaften, mehr oder weniger veränderten und gestörten Schichten des Lenneschiefers.

Bei geringer Mächtigkeit ist ihre Begrenzung im Hangenden und Liegenden häufig scharf; bei grösserer Mächtigkeit erfolgt der Uebergang in das taube bezw. unbauwürdige Gestein allmählich, oder wo scharfe Begrenzungen vorhanden sind, bestehen dieselben aus Gesteinsablösungen, Schnitten, Schichtungsklüften, oder werden durch die trümmerartige Struktur der Erze am Hangenden oder Liegenden gebildet. Die Zwischenmittel zwischen den einzelnen Erzlagerstätten erreichen oft grosse Mächtigkeit; sie bestehen ebenfalls aus unverkennbaren, mehr oder weniger gestörten, zerklüfteten und veränderten Gebirgsschichten. Quarzausscheidungen, kleine Erztrümmer oder sporadisch eingesprengte Erze finden sich meistens in der ganzen Zwischenmasse, welche nur zuweilen in kleineren Partieen das ganz unveränderte Gebirgsgestein noch erkennen lässt. Die einzelnen Lagerstätten haben häufig ein abweichendes und wechselndes Streichen, sie schaaren sich im Streichen und laufen wieder auseinander; nach der Tiefe verdrücken und verunedeln sie sich, während sich im Hangenden oder Liegenden andere, nach oben nicht durchsetzende Lagerstätten anlegen. Scharf bestimmte Grenzen dieser Gangbildungen gegen die unveränderten Gebirgsschichten, eigentliche Saalbänder, sind nur auf kurze Erstreckung zu beobachten, und in einzelnen Grubengebäuden von grosser Ausdehnung, so namentlich in der Grube Lüderich, sind die das gesammte Erzvorkommen begrenzenden Saalbänder noch nirgends aufgeschlossen worden. Diese thatsächlichen Verhältnisse führen dazu, Gruppen derartiger Erzlagerstätten in ein Gangsystem oder in einen Gangzug, in eine Gangzone zusammenzufassen. Die Mächtigkeit, welche solche Gangsysteme erreichen, ist sehr gross. Dem Gangsystem der Grube Berzelius ist eine Mächtigkeit von mindestens 70 m zuzuschreiben; das eigentliche Hangende ist dort nur in dem östlichsten Feldestheile bekannt geworden. Das Gangsystem der Grube cons. Weiss hat im östlichen Theile eine noch nicht genau bekannte Mächtigkeit von über 100 m; auch hier ist nur das Liegende ziemlich sicher, das Hangende nur an einzelnen Stellen bekannt.

Als besonders charakteristisches Beispiel dieser ausserordentlich mächtigen Gangsysteme ist dasjenige der Grube Lüderich hervorzuheben:

Auf der Bensberger Lagerstättenkarte [1]) ist das Verhalten des mittleren Theiles, der am vollständigsten aufgeschlossen ist, in drei Sohlen grundrisslich und profilarisch dargestellt. Die eigentliche hangende Begrenzung des Gangsystems ist nicht genau bekannt, und nur aus dem Streichen und Einfallen der einzelnen Lagerstätten ist zu schliessen, dass das Hauptstreichen in Stunde 1 bis 2 geht bei östlichem Einfallen. Südlich des alten Förderschachts ist dort in einer 80 bis 90 m breiten Zone zunächst eine Anzahl als Frühlingslagerstätte bezeichneter Erzmittel aufgeschlossen worden, deren generelles Streichen bei südöstlichem Einfallen von 60 bis 70°, abweichend von dem Hauptstreichen des Gangsystems, in Stunde 3 bis 4 geht. Am regelmässigsten hält eine im hangenden Theile gelegene Lagerstätte 150 m bauwürdig aus, wobei sie streckenweise die grosse Mächtigkeit bis zu 24 m erreicht. Im Liegenden setzen mehrere sich ganz verschieden verhaltende Trümmer auf, welche theils nicht bis zu den tieferen Sohlen niedersetzen, theils in den tieferen Sohlen sich in den in den oberen Sohlen tauben, bezw. unbauwürdigen Zwischenmitteln erst anlegen und nicht nach oben durchsetzen. Die zwischen den verschiedenen Trümmern liegende Gesteinsmasse wird von einzelnen Quertrümmern durchsetzt. Weiter im Liegenden ist ein nicht bis zur tiefsten Sohle niedersetzendes Trumm bekannt, dessen Liegendes

1) Lagerstättenkarte des Bensberger Gangreviers in 6 Blättern und einer Profiltafel im Massstabe von 1 zu 20000. Bonn 1882. Verlag von Adolph Marcus.

wiederum aus den mehrfach beschriebenen veränderten Gebirgsschichten besteht. Im Hangenden des zuerst erwähnten langaushaltenden Erzmittels legen sich zwei, nach unten sich ausspitzende und gegen Norden nicht aushaltende Erzmittel an. Noch weiter im Hangenden liegt dann das als Bergmannsfreuder Lagerstätte bezeichnete Erzvorkommen, dessen Verlauf wie auch das Verhalten des ganzen Gangsystems weiter unten dargestellt werden wird. Die Gesteinsschichten, sowohl diejenigen, welche in den einzelnen Lagerstätten, Erzmitteln, Erztrümmern als Träger der Erzführung erscheinen, als auch die, welche die Zwischenmasse bilden, sind überall als unzweifelhafte, aber veränderte Schichten des Lenneschiefers zu erkennen. Steinmarkanflüge, Quarzausscheidungen, kleine Erzklüfte und sporadisch zerstreute, eingesprengte Erze finden sich überall, und das eigentliche Liegende des Gangsystemes, innerhalb dessen die verschiedenen Erzlagerstätten auftreten, ist noch nirgends aufgeschlossen, obgleich dasselbe in einer Mächtigkeit von 250 m durchquert worden ist.

Nach dieser Darstellung der Gänge und Gangsysteme bezüglich ihres Verhaltens zu dem Nebengestein und ihrer inneren Zusammensetzung bleibt noch Einiges über die Erzführung und die sonstigen Verhältnisse nachzutragen.

Die Erzführung besteht aus Bleierzen, Zinkblende, Kupfererzen, Fahlerz und Schwefelkies.

Die Bleierze sind ausschliesslich Bleiglanz, nur nahe am Ausgehenden kommen hier und da Weissbleierze vor. Der Bleiglanz ist dicht, zuweilen bleischweifartig, feinkörnig bis grossblättrig in allen Uebergängen. Der Gehalt an metallischem Blei geht bis zu 74 %. Die Erze sind durchgängig silberhaltig, in sehr verschiedenem Grade indess auf den verschiedenen Gängen und Gangsystemen und auch hier auf den verschiedenen Sohlen und Mitteln wechselnd. Als Minimum sind wohl 9 bis 10 gr Silber in 1 Ctr. Erz anzunehmen; der gewöhnliche Gehalt beträgt 20 bis 30 gr, auf einzelnen Lagerstätten, wie z. B. auf der Grube Berzelius, steigt er bedeutend höher, bis zu 350 gr.

Der Silbergehalt rührt wohl ausschliesslich von Fahlerz her, welches theils in feiner Vertheilung in den Bleierzen enthalten ist, theils sich auch in grösseren Partikeln oder in feinen Schnüren eingewachsen im Bleiglanz und in der Blende findet.

Die Zinkblende, nur am Ausgehenden zuweilen in Galmei umgewandelt, ist grösstentheils grossblättrig, seltener grobkörnig, von schwarzbrauner Farbe. Der Gehalt an Zink geht bis zu 60 %. Cadmium ist durchgängig in der Zinkblende nachweisbar. In der Zinkblende der Grube Lüderich (Franziskastollen) haben die Chemiker Lecoq de Boisbaudran und Jungfleisch im Jahre 1877 ein neues, von ihnen Gallium benanntes Metall entdeckt und dessen Aequivalentgewicht zu 66,698 bestimmt. Aus einem kg Zinkblende haben sie 16 mgr Gallium dargestellt. (Journal de Pharmacie et de Chimie. Tom. XXVII pag. 253—256, und Bulletin de la société chimique de Paris,

Tom. XXIX pag. 385—387, sowie hiernach Archiv der Pharmacie, dritte Reihe, XIII. Band. 1878. S. 452.)

Kupferkies findet sich in feinen Schnüren, in Anflügen auf Kluftflächen und fein eingesprengt wohl auf allen Gängen. In derberen, auszuhaltenden Massen tritt er jedoch nur selten auf, und nur einzelne Gänge führen mit wenigen Bleierzen und Zinkblende vorherrschend Kupfererze. Gesäuerte Kupfererze sind nur von einem Gange bekannt geworden.

Schwefelkies findet sich in feinen Schnürchen, auf Kluftflächen oder in Drusen; derbere Ausscheidungen sind sehr selten.

Das ganz isolirte Vorkommen von Nickel, Kobalt und Antimon auf einem Gange (Grube Versöhnung) wird weiter unten besonders erwähnt werden.

Die Erze kommen ohne wesentliche Unterschiede in der Grauwacke und in dem Schiefer vor; auf den einzelnen Lagerstätten und in den verschiedenen Sohlen überwiegt bald das eine, bald das andere Gestein. Nur die häufig eingelagerten, röthlich und grünlich gefärbten Schiefer sind ihrer zähen Masse wegen wohl durchgängig erzleer. Weitere Einwirkungen dieser bunten Schiefer, welche regelmässige Gesteinsschichten, nicht aber, wie wohl angenommen wird, dem Gange eigenthümliche Gesteinsbildungen sind, auf das Gangverhalten finden nicht statt.

Zinkblende und Bleierze nehmen in verschiedenem Verhältnisse an der Erzführung Theil. Auf einzelnen Mitteln tritt das eine oder das andere Erz bis nahe zum völligen Verschwinden zurück. So besteht die Erzführung der östlichen Mittel der Grube cons. Weiss beinahe nur aus Zinkblende, während der westliche Theil des Maxganges der Grube Castor beinahe ausschliesslich Bleierze führt. Im Ganzen genommen kommen beide Erze auf allen Gängen und Gangsystemen vor, jedoch überwiegt mit Ausnahme des Maxganges die Blende ganz erheblich. Im Durchschnitte der bisherigen 29jährigen Betriebsperiode ist das Verhältniss der Zinkblende zu den Bleierzen: auf den Gruben Lüderich wie 100 zu 5,7, cons. Weiss wie 100 zu 9,4, Blücher wie 100 zu 10,9, Washington wie 100 zu 25,9, Berzelius wie 100 zu 31,5, Apfel wie 100 zu 41,2 gewesen.

In den einzelnen Jahresproduktionen zeigt dieses Verhältniss grosse Schwankungen, je nachdem der Abbau sich auf an einem oder dem anderen Erze reicheren Mittel bewegt hat. So schwankt das Verhältniss der Bleierze zur Blende, letztere zu 100 angenommen, auf den Gruben Lüderich zwischen 2 bis 10, cons. Weiss zwischen 6 bis 50, Blücher zwischen 3 bis 25, Washington zwischen 15 bis 36, Berzelius zwischen 11 bis 65, Apfel zwischen 20 bis 75.

Auf dem Castorgange der Grube Castor schwankt das Verhältniss wie 100 zu 18 bis 52; auf dem Maxgange überwiegten die Bleierze in den oberen Sohlen und im westlichen Feldestheile die Blende um das 20- bis 30fache.

Wesentliche Veränderungen in dem Verhältnisse der Bleierze zur Blende nach der Tiefe zu lassen sich durch die bisherigen Betriebe nicht erkennen. Es wirken hierauf ein der Stand der Aus- und Vorrichtung der einzelnen, an dem einen oder dem anderen Erze reicheren Mittel, sowie die Fortschritte der Aufbereitung und die höheren Zinkpreise, welche den Abbau mancher, in früheren Jahren als unbauwürdig angesehener Blendemittel gestatten.

Der Erzfall pro cbm abgebauten Gangraumes bezw. das zur Förderung gelangende Haufwerk ist sehr verschieden nach der Art der Verbreitung der Erze, ob dieselben mehr eingesprengt oder mehr in Trümmern auftreten, und nach dem Verhältnisse der Bleierze und Blende und schwankt zwischen 20 bis 40 Ctr.

Ebenso verschieden ist der Erzgehalt des geförderten Haufwerks. Die folgende erste Zahlenreihe ergiebt den Gehalt des Haufwerks an Erzen nach dem Gewichte, die zweite nach dem Volumen:

	I.	II.
auf der Grube Blücher . . .	13 %	8,4 %
„ „ „ Berzelius . .	12—16 „	6—10 „
„ „ „ Washington .	13—14 „	8,4 „
„ „ „ cons. Weiss .	13—15 „	9 „
„ „ „ Castor . . .	20—25 „	8—10 „
„ „ „ Lüderich . .	29 „	20 „

Je nach dem Verhältnisse des geförderten Haufwerks zu den in der Grube ausgehaltenen, grösstentheils versetzten tauben Gesteinsmassen wird der Erzgehalt, auf den ganzen abgebauten Gangraum bezogen, beträchtlich geringer, so dass die vorstehend angegebenen Zahlen meistens um $^1/_3$ bis $^1/_2$ reducirt werden müssen. Trotz der häufigen sehr edlen mächtigen Partieen ist daher die Erzführung im Allgemeinen nicht sehr reich.

Eine Abnahme des Erzgehaltes der abgebauten Erzmittel nach der Tiefe ist bis jetzt nicht mit Sicherheit zu constatiren, da auch hier der Abbau ärmerer Mittel, welche früher nicht abgebaut wurden, einwirkt. Dagegen scheint das Verhältniss der derben, durch Handscheidung auszuhaltenden Erze zu den durch nasse Aufbereitung fertig zu stellenden Graupen und Schliechen nach der Tiefe ungünstiger zu werden.

Die Längenausdehnung der Gänge ist sehr verschieden. Die überwiegende Zahl derselben hat wohl eine geringe, bis unter 50 m herabgehende streichende Länge, so z. B. der Gang Ehrenfeld im consolidirten Felde Apfel. Die mächtigen Gänge und Gangsysteme haben aber weit grössere Längen. Der Apfeler Gang setzt bei einer aufgeschlossenen Länge von 700 m gegen Westen noch fort, ebenso die im östlichen Theile als Gangsystem ausgebildete Erzlagerstätte der Grube cons. Weiss bei einer aufgeschlossenen Länge von 850 m. Der Maxgang ist durch Grubenbaue und Schürfarbeiten auf eine Länge von etwa 1000 m bekannt. Die grösste Ausdehnung erreicht das mächtige Gangsystem der Grube Lüderich, welches noch durch das benachbarte Grubenfeld Bergsegen durchsetzt und eine Länge von über 4000 m erreicht.

Ein bestimmtes Ende, bezw. ein Anfang der Gänge ist nur in wenigen Fällen genau bekannt. Der sog. Quergang der Grube Washington findet gegen Süden ein bestimmtes Ende durch allmähliche Annäherung der beiden Saalbänder bis zur völligen Verdrückung; durchgreifende Versuchsarbeiten haben constatirt, dass der Gang nicht weiter durchsetzt. Ebenso schliessen sich die beiden Gänge der Grube Castor gegen Westen durch das Zusammenlaufen der beiden Saalbänder. Die meisten Gänge, namentlich die von geringer streichender Ausdehnung und Mächtigkeit, werden in derselben Weise endigen. In anderen Fällen, namentlich bei den mächtigen Gängen und Gangsystemen, findet eine derartige Verdrückung nicht statt; die von zahlreichen Klüften durchsetzte Ausfüllungsmasse scheint allmählich in normale Gebirgsschichten überzugehen, wobei die Erzführung sich zersplittert, in die Schichten legt und endlich ganz aufhört. Ein stufenweises Absetzen des hangenden Saalbandes war in dem 18. östlichen Querschlage auf der Stollensohle der Grube cons. Weiss zu beobachten, und wenig östlich scheint das mächtige Gangsystem sein Ende zu finden. Dasselbe Verhältniss wird wahrscheinlich stattfinden bei der erst im Jahre 1869 am Bahnhofe Bensberg aufgeschlossenen Erzlagerstätte der Grube Julien; in geringer westlicher Entfernung davon im Grubenfelde Bensberg ausgeführte Versuchsarbeiten haben ergeben, dass der Gang dort nicht mehr durchsetzt. In derselben Weise endigt auch wohl der Gang der Grube Apfel nach einer grossen Erweiterung gegen Osten, sowie die Gangbildung der Grube Blücher.

Wenn auch die Gangbildungen unzweifelhaft älter sind, als die heutige Gestaltung der Oberfläche, so ist doch nicht zu verkennen, dass die Längenausdehnung und zum Theil die Erzführung namentlich der wichtigsten Gänge und Gangsysteme in einer gewissen Beziehung zu der vorhandenen Oberflächengestaltung steht. In der Regel ist die Längenausdehnung derselben übereinstimmend mit der Richtung der Bergrücken; so bei den Gangbildungen der Gruben Julien, Blücher, Jungfrau, cons. Weiss, Berzelius, Lüderich, Castor. Der Gang der Grube Julien, der an dem westlichsten Punkte des flachen Bergrückens, in welchem er aufsetzt, am Bahnhofe Bensberg, edel und mächtig aufgeschlossen wurde, ist in geringer Entfernung davon in der sich zum Rheine einsenkenden Niederung nicht mehr aufgefunden worden. Die allmähliche gänzliche Verdrückung des sog. Querganges der Grube Washington fällt mit dem Thale des Lehmbaches, die der beiden Gänge der Grube Castor ebenfalls mit einem Thaleinschnitte zusammen. Die westlichen Fortsetzungen des Apfel- und des Columbusganges sind unter dem Vollbachthale bezw. dem Kotzbachthale taub und verdrückt. Unter dem Thale des Brungsbaches sind die Erzmittel der südlichen Fortsetzung des Lüdericher Gangsystems im Felde Bergsegen kurz und unregelmässig.

Verwerfungen der Gänge im Streichen durch abschneidende Klüfte sind äusserst selten und mit Sicherheit wohl nur bei dem Blüchergange zu constatiren, der im östlichen Felde durch eine mächtige, mit Letten ausgefüllte Kluft um einige Meter verworfen wird. Häufiger sind quer durch die Gangmächtigkeit und nicht in das Nebengestein durchsetzende Klüfte, welche in ihrem Effekte nicht selten Verwerfungsklüften gleich sind, indem die Erzmittel getrennt und seitlich verschoben erscheinen. Sie sind wohl die Folge von Bewegungen und Senkungen einzelner Theile innerhalb der Gangräume, deren häufiger Eintritt durch die zahlreichen glatten Rutschflächen der zähen schwarzen Thonmassen bekundet wird. Ob derartige Senkungen einzelner Gangstücke in Zusammenhang stehen mit Senkungen im Nebengestein, lässt sich nicht constatiren, da es bei dem beständigen Wechsel von Grauwacke und Schiefer ohne besonders charakteristische Zwischenschichten in dieser Beziehung an Aufschlüssen fehlt. Wo die Gebirgsschichten unter annähernd rechten Winkeln von den Gängen durchsetzt werden, stossen die Saalbänder bezw. die Erzmittel wohl auf den Schichtungsflächen oder auf Schnitten ab und setzen seitlich wieder durch, wodurch ebenfalls Verwerfungen ähnliche Ablenkungen entstanden sind, so z. B. auf dem sog. Quergange der Grube Washington.

Veränderungen im Streichen und Einfallen der Gebirgsschichten, die in Verbindung stehen mit Sattel- und Muldenbildungen, sind häufig von Einfluss auf das Verhalten der Erzlagerstätten; so im östlichen Felde der Gruben cons. Weiss und Apfel, wo die Gänge in den quer durchbrochenen Schichten zersplittern. Die Beobachtungen über diese Beziehungen sind noch sehr unvollständig und verdienen grössere Aufmerksamkeit.

Was das Aushalten der Erzlagerstätten nach der Teufe betrifft, so ist bei einzelnen Gängen von geringer streichender Ausdehnung constatirt, dass sich dieselben in nicht grosser Tiefe unter der Oberfläche ganz verdrücken. Beispielsweise ist der bereits erwähnte Gang Ehrenfeld, der bis zu einer Tiefe von 50 m abgebaut wurde, in der tieferen Stollensohle nicht mehr aufgefunden worden. Die ausgedehnten und mächtigen Gänge und Gangsysteme aber setzen in weit grössere Teufen nieder, und es ist mit den jetzigen tiefsten Bausohlen ein Aufhören derselben nicht constatirt worden; so auf der Grube Blücher bei einer Tiefe von 243 m unter der Oberfläche oder 25 m unter N. N., auf der Grube Berzelius bei 190 m unter der Oberfläche oder 13 m über N. N., auf der Grube Apfel bei 171 m unter der Oberfläche oder ungefähr in Niveau von N. N. Die Erfahrungen über das Niedersetzen der Erzführung sind stellenweise weniger günstig; so verkürzen und verunedeln sich auf der Grube Apfel die Erzmittel ganz bedeutend, ebenso auf der Grube Blücher. Auf anderen Gruben, namentlich auf der Grube Berzelius, sind dagegen die Aufschlüsse in den tieferen Sohlen ausserordentlich günstig ausgefallen.

Einige Worte über die genetische Bildung der vorbeschriebenen Erzlagerstätten mögen hier noch gestattet sein.

Die wenig mächtigen Gänge mit ihrer aus Bruchstücken des Nebengesteins und Quarz bestehenden Gangmasse sind wohl als einfache, später ausgefüllte Spalten anzusehen. Auf die mächtigeren Gänge und deren lokale grosse Erweiterungen und auf die Gangsysteme ist die Vorstellung, dass dieselben als offene Spalten gebildet und später ausgefüllt seien, nicht anzuwenden. Das Vorhandensein von Gesteinen im Bereich derselben, welche in ihrer Lagerung zwar meistens gestört und in verschiedenem Grade verändert sind, häufig aber auch ganz regelmässige Lagerung haben und sich überall als unzweifelhafte Gebirgsschichten erkennen lassen, mit demselben Wechsel von Grauwacke und Schiefer, mit übereinstimmendem Streichen und Einfallen, lässt diese Anschauung nicht zu.

Man wird annehmen müssen, dass die spaltenbildende Kraft den Lenneschiefer nicht durch weit geöffnete Spalten getrennt, sondern in gewissen, verschieden breiten Zonen zertrümmert hat. Diese mit theils erkennbaren, theils noch unbekannten Begrenzungen, Saalbändern, versehenen Zertrümmerungszonen durchsetzen die Gebirgsschichten im Streichen und im Einfallen. Die sie durchziehenden unzähligen Risse und Klüfte bildeten ebenso viele Kanäle für den Zutritt und die Circulation der Atmosphärilien; die ununterbrochene Einwirkung derselben auf die Gesteinsmassen bewirkte deren Zersetzung und Veränderung, die Bildung des Steinmarks, die Zuführung des Quarzes und Eisenspathes. Durch Abwaschung und Unterspülung der zertrümmerten Gesteinsmassen, durch Fortführung gelöster Bestandtheile entstanden neue und erweiterten sich vorhandene Hohlräume, welche wiederum Zertrümmerungen durch Senkungen und Rutschungen veranlassten. Für die Ablagerung der Erze waren hierdurch geeignete Räume entstanden. Je nach der verschiedenen Beschaffenheit der Gesteinsmassen, ihrer Struktur und Consistenz, der Porosität und Plasticität, war die Zertrümmerung und weitere Veränderung derselben nicht gleichmässig. Einzelne Theile, wie feste Grauwacke, zähe, compakte Schiefer, waren denselben weniger unterworfen, während andere in höherem Grade zertrümmert und zersetzt wurden, wobei auch vielfach offene, nach allen Richtungen hin sich verbreitende Spalten von geringeren Dimensionen entstanden. Hier bildeten sich die zusammenhängenden Erzlagerstätten aus, welche in verschiedenen Richtungen und mit verschiedenem Verhalten innerhalb der Gangräume auftreten.

Für die Zuführung der Metalle in wässeriger Lösung von oben her dürfte das Verhalten der Erzmittel sprechen. In den Schichten des Nebengesteins finden sich zwar nicht selten Erze auf kleinen Klüften und als Anflug. Die Annahme indess, dass der Erzgehalt der Gänge aus dem Nebengestein durch Auslaugung desselben herrühre, würde der Natur einen wiederholten Process auferlegen, das Auflösen der doch nur aus wässeriger Solution in die Schichten gelangten Erze und das wiederholte Ablagern derselben in den Gangräumen. Die Vorstellung, dass bei Bildung der Erze in den durch ihre Zertrümmerung hierfür besonders disponirten Gangräumen auch einzelne Klüfte dem Nebengestein Erze zugeführt haben, scheint mehr den natürlichen Verhältnissen zu entsprechen. Aus dem später zu betrachtenden Vorkommen gleichartiger Erze in den unteren Schichten des Elberfelder Kalksteins kann vielleicht gefolgert werden, dass auch die Bildung der Erzlagerstätten im Lenneschiefer mit der beginnenden Ablagerung des Elberfelder Kalksteins gleichzeitig vor sich gegangen sein dürfte.

Geschichtliche Bemerkungen über den Bergwerksbetrieb.

Der jetzige Bergbau auf den vorstehend beschriebenen Erzlagerstätten, in welchem der Schwerpunkt des im Bergrevier Deutz vorhandenen Grubenbetriebes liegt, ist kaum älter, als ein Menschenalter. Pingenzüge von grosser Ausdehnung auf dem Ausgehenden der wichtigsten Gangzüge bekunden zwar das hohe Alter eines früheren langjährigen Bergbaues, der sich, wie bei Wiederaufnehmen desselben in neuerer Zeit, z. B. auf der Grube Apfel, ermittelt ist, stellenweise noch unter die Thalsohle erstreckt hat. Ueber die Zeit dieses unzweifelhaft sehr alten Bergbaues, der auschliesslich die Gewinnung von Bleierzen bezweckt hat, fehlen aber alle bestimmte Nachrichten. Vielleicht ist er schon von den Römern und dann bis in das Mittelalter hinein betrieben worden. Im Jahre 1122 erhielt die Abtei Siegburg vom Kaiser Heinrich V. das Recht, auf ihrem Besitzthum auf Metalle zu bauen, und um das Jahr 1250 soll der Erzbischof Conrad von Hohstaden die Grube Lüderich betrieben haben, um Mittel für den Bau des Kölner Domes zu gewinnen. Im Jahre 1541 soll ein Bergmeister von Schneeberg nach dem Herzogthum Berg geschickt worden sein[1]. Jedenfalls ist der alte Bergbau vor Entdeckung des Pulvers, bezw. vor dessen Anwendung beim Bergbau geführt worden. Die hier und da aufgefundenen alten Strecken, Ueberhauen, sind mit Schlägel und Eisen ausgehauen, und neuerdings sind auf der Grube Lüderich angebrannte Holzscheite gefunden worden, welche auf die Anwendung der Feuersetzarbeit hindeuten. Der dreissigjährige Krieg wird auch hier das Erliegen des Bergbaues herbeigeführt haben. Die Bleierze sind an den Gewinnungsorten verschmolzen worden; an vielen Stellen, z. B. auf der Hardt, im Brungsbachthale, findet man noch Bleischlacken; auf der Grube Blücher hat man beim Ausheben von Fundamenten Reste eines Schmelzofens und auf den Gruben Lüderich und Blücher Bleiglätte gefunden.

In den folgenden Jahrhunderten sind zeitweise Versuchsarbeiten ausgeführt, aber bald wieder aufgegeben worden, weil die erhofften reichen Bleierzanbrüche nicht erschlossen wurden. So wurden im Jahre 1772 nach den noch vorhandenen Bergzehntrechnungen zahlreiche Muthungen auf alle in der Umge-

1) Bruckmann, Magnalia Dei. Theil II. Wolfenbüttel 1730.

gend von Bensberg bekannten Erzvorkommen eingelegt und einige Jahre hindurch aufrecht erhalten, Verleihungen aber nicht ertheilt. Auf den verschiedenen Erzvorkommen des Lüdericher Gebirgsrückens, auf dem Gange der Grube Julien, sowie auf einzelnen Gängen im Aggerthale ist später ein unbedeutender Betrieb geführt worden.

Erst nachdem im vierten Jahrzehnt des gegenwärtigen Jahrhunderts die Gewinnung des Zinks aus der Blende praktisch ausführbar geworden, wurde der alte Bergbau in der Umgegend von Bensberg Gegenstand der regsten Spekulation. In grösserem Maassstabe wurde derselbe zunächst aufgenommen von der Gesellschaft Rochaz & Comp. zu Paris, von welcher er später an die Gesellschaft Vieille Montagne übergegangen ist. Weiter betheiligte sich eine Reihe zum Theil wieder zu Grunde gegangener Gesellschaften an den Arbeiten zur Aufschliessung der Erzvorkommen und zur Erwerbung des Bergwerkseigenthums.

Zur Zeit ist der Bergwerksbesitz wesentlich in den Händen der Aktiengesellschaften Vieille Montagne, Saturn, Berzelius, sowie der Rheinisch-Nassauischen Bergwerks- und Hütten-Aktiengesellschaft und einiger Gewerkschaften. In stetiger, ziemlich gleichmässiger Entwickelung ist die Erzproduktion von einigen tausend Centnern bis zu einem sehr erheblichen jährlichen Quantum gestiegen und wird sich, sofern nicht andauernd ungünstige Conjuncturen des Metallmarktes eintreten, auf dieser Höhe noch viele Jahre lang halten können.

Die im Abschnitt IX folgenden Tabellen ergeben die Produktion der einzelnen Jahre und der verschiedenen Gruben bis zum Ende des Jahres 1881.

Die Blende wird theils auf der Zinkhütte der Aktiengesellschaft Berzelius bei Bergisch-Gladbach — deren Produktion im Jahre 1881 97 220 Ctr. betrug, und welche mit einer Schwefelsäurefabrik nach Hasencleverschem System verbunden ist —, theils auf den Zinkhütten der Aktiengesellschaft Vieille Montagne bei Oberhausen und der Rheinisch-Nassauischen Aktiengesellschaft bei Stolberg und auf der Zinkhütte bei Letmathe verhüttet. Die ganze Bleierzproduktion wird auf ausserhalb des Reviers gelegenen Hüttenwerken, namentlich bei Stolberg, zu Gute gemacht.

Betriebsverhältnisse.

Die Betriebsverhältnisse der Gruben sind in mancher Beziehung nicht ungünstig. Die Wasserzuflüsse sind durchgängig nicht stark; meistens betragen sie in gewöhnlichen Zeiten 0,3 bis 0,5 cbm in der Minute und steigen in nassen Zeiten, bei Schneeabgang, bis zu 0,6, auch wohl bis zu 1 cbm. Die Gesteinsfestigkeit ist meist gering und begünstigt die nothwendigen zahlreichen Arbeiten zur Ausrichtung der Gänge und Erzmittel. Auf der consequenten, rationellen, wenn auch grosse Opfer erfordernden Ausführung dieser Arbeiten beruht die Zukunft des Betriebes. Querschläge müssen in nicht zu grossen Abständen möglichst durch die ganze Mächtigkeit der Gänge und

Gangsysteme bis in die unveränderten Gebirgsschichten getrieben werden. Die Rücksichten, welche die Betriebsleitung nothwendiger Weise auf die financiellen Kräfte und den Endzweck des Bergbaues, Gewinn aus demselben zu ziehen, hierbei zu nehmen hat, dürfen gewisse Grenzen nicht überschreiten, wenn die Gruben nicht ihr Dasein nur von Tag zu Tag fristen, sondern in Betreff der Nachhaltigkeit des Betriebes, wie dieselbe bei dem Erzbergbau überhaupt zu erreichen ist, auch für die Zukunft gesichert sein sollen. Die Vernachlässigung dieser Regel hat die Existenz schon mancher Grube bedroht.

Andererseits zersetzen sich namentlich die auf den Erzlagerstätten vorkommenden Schiefergesteine rasch und verbreiten starken Druck. Die Feldort- und Förderstrecken werden deshalb am zweckmässigsten nicht auf den einzelnen Erzlagerstätten aufgefahren, sondern im tauben Gestein, womöglich im Nebengestein. Wenn sich hierdurch unter Umständen, einschliesslich der Querschlagslängen, eine dreifache Auffahrungslänge gegenüber dem Auffahren auf den Erzlagerstätten selbst ergiebt, so wird doch die häufige, kostspielige Auswechselung der Zimmerung erspart. Wegen der im Allgemeinen geringen Gesteinsfestigkeit und des auf den mächtigen Erzlagerstätten trotz des sorgfältigen Versatzes sich entwickelnden Druckes erfordert die Aufrechthaltung der Schächte, Strecken, Stürz- und Fahrrollen etc. sowie der Abbau selbst ungemein viel Holz.

Der Abbau der weniger mächtigen Gänge bezw. Erzmittel erfolgt durch einfachen Firstenbau, bei mächtigen durch Querbau.

Die Bausohlen werden in Abständen von 20 bis 40 m angelegt; bei mächtigen Lagerstätten werden auch Mittelsohlen gebildet.

Ein Theil der Schächte rührt aus den ersten Betriebszeiten her; ihre Dimensionen und maschinellen Vorrichtungen entsprechen kaum noch der allmählich erlangten grossen Tiefe. Schachtanlagen aus der neueren Zeit, wie auf den Gruben Castor, Lüderich, cons. Weiss, Berzelius, sind mit kräftigen Dampfmaschinen versehen und genügen allen Anforderungen.

Aufbereitung.

Aus der Art der Erzführung ergiebt sich die der Aufbereitung zufallende wichtige Aufgabe. Auf der Mehrzahl der Gruben befinden sich die Aufbereitungsanstalten an den Förderpunkten. Die Erze der Gruben Apfel und Columbus, sowie die der Grube Lüderich werden auf 1927 m bezw. 1017 m langen schmalspurigen Förderbahnen den zu Immekeppel bezw. zu Steinebrück errichteten Aufbereitungsanstalten zugeführt.

Der Gang der Aufbereitung auf den genannten Werken, sowie auf demjenigen der Grube Castor, welche nach den neuesten Principien ausgeführt sind, möge hier kurz dargelegt werden.

Die Erzwände, welche getrennt von dem Grubenklein gefördert werden,

werden zunächst einer Grobscheidung unterworfen, wobei die möglichst vollständige Aushaltung des Spatheisensteins aus den blendigen Geschicken angestrebt wird, so dass zwei grosse Klassen gemacht werden, bleiische Erze (Bleiglanz mit Spatheisenstein und Bergen ohne Blende) und blendige Erze (Blende, verwachsen mit Bleiglanz und Bergen ohne Spatheisenstein). Es fallen hierbei Berge, eingesprengte Erze, Scheiderze und reine Stufferze. Die Scheiderze werden dem Reinscheiden übergeben, wobei reine Bleiglanz- und Blende-Stufferze und eingesprengte Erze fallen; die eingesprengten Erze werden auf einem Steinbrecher zerkleinert.

Das Grubenklein wird zunächst einer Läuterung auf einem Rost von 35 mm Lochweite unterworfen. Die über den Rost fallenden grösseren Erzstücke gehen dem Klaubtische zu, wo dieselben Sorten, wie bei der Scheidung gemacht werden. Das durch den Rost fallende Haufwerk gelangt in die Separationstrommeln und zwar zunächst in eine conische Vortrommel mit zwei Sieben. Das äussere Sieb hat Löcher von 3,5 mm, das innere solche von 24 mm. Der Ausfall des inneren Siebes geht einer continuirlich arbeitenden Setzmaschine zu, welche reine Berge abwirft und die erzhaltigen Massen durch ein Rohr austrägt. Dieser Austrag wird geklaubt und ergiebt dieselben Sorten, wie bei der Scheidung. Die Körner zwischen 24 und 3,5 mm werden in eine Korntrommmel und der Durchfall des äusseren Siebes von 3,5 mm Grösse in eine Schlammtrommel geführt und mit den Produkten der gleich zu erwähnenden Walzarbeit weiter verarbeitet.

Die eingesprengten — gemischten — Erze, welche bei der Scheidung und dem Klauben fallen und nöthigenfalls durch den Steinbrecher zerkleinert worden sind, gelangen zum Grobwalzwerke. Die aus Hartguss hergestellten Walzen desselben haben einen Durchmesser von 0,735 m und eine Breite von 0,240 m; sie machen in der Minute 13 Umdrehungen und arbeiten mit Gummipuffern. Das zerkleinerte Erz wird durch Elevatoren in die Separationstrommeln gehoben und zwar wieder zunächst in eine conische Vortrommel mit zwei Sieben. Das innere Sieb hat hier nur 14 mm Lochweite, das äussere 3,5 mm. Der Ausfall über 14 mm geht wieder dem Grobwalzwerke zu. Der Vorrath zwischen 14 und 3,5 mm Korngrösse wird in die Korntrommel geführt und in Korngrössen von 5, 7 und 10 mm separirt, der Ausfall aus dieser Trommel (10 bis 14 mm) aber dem Feinwalzwerke übergeben. Der Durchfall des äusseren Siebes von 3,5 mm Lochweite gelangt in die Schlammtrommel, welche zunächst durch 1,4 mm weite Löcher den Schlamm, dann den Sand durchfallen lässt und weiter Korngrössen von 2 und 3,5 mm liefert. Die Separationstrommeln haben einen Durchmesser von 1 m, machen in der Minute 11 Umdrehungen und haben eine Neigung von 2 %.

Der Ausfall der Korntrommel, sowie die bei der Setzarbeit fallenden Zwischenprodukte gehen dem Feinwalzwerke zu. Die Gussstahlwalzen desselben haben dieselben Dimensionen, wie die des Grobwalzwerks. Das zerkleinerte Erz wird durch den Elevator in die Separationstrommeln gehoben. Die Vortrommel hat nur ein Sieb von 10 mm Lochweite, der Ausfall derselben geht dem Feinwalzwerke wieder zu. Die Körner werden in Grössen von 2, 3,5, 5, 7 und 10 mm separirt und gelangen mit den Setzvorräthen von dem Grobwalzwerke zur Setzarbeit auf continuirlich arbeitenden Etagensetzmaschinen mit Rohraustrag.

Zwei Setzkasten mit je einem Kolben sind hierbei combinirt, von denen der erste 15 cm höher gestellt ist; die Kolben werden durch Excenter bewegt. Die 0,52 × 0,75 m grossen Siebe bestehen aus Messinggeweben, die Hubzahl der Kolben wechselt nach den verschiedenen Korngrössen zwischen 120 und 140 pro Minute, die Hubhöhe zwischen 1 und 3 cm. Der Vorrath wird durch einen Trichter dem oberen Setzkasten aufgegeben. Durch das Setzen bilden sich zwei Lagen, reiner Bleiglanz und gemischtes Erz (Bleiglanz und Blende), welche durch Rohre continuirlich ausgetragen werden. Der Ueberfall dieses Kastens gelangt in den zweiten, und es bilden sich hier ebenfalls zwei Lagen, Blende und gemischtes Erz (Blende mit Bergen), welche wiederum continuirlich ausgetragen werden. Der Ueberfall dieses Kastens besteht aus Bergen. Die Zwischenprodukte (gemischte Erze) werden wieder feingewalzt.

Alle bei der Grubenkleinwäsche und bei den Walzwerken gewonnenen Vorräthe unter 2 mm Korngrösse werden durch eine Centrifugalpumpe in den Klassificateur gehoben. Unter Einwirkung eines aufsteigenden Wasserstromes, der den Schlamm hebt, werden nach dem absoluten Gewichte sechs Sandsorten gebildet, welche auf Harzer Setzmaschinen von je 4 Kasten geführt werden. Die Siebe sind 0,415 × 0,89 m gross. Die durch Excenter bewegten Kolben machen in der Minute 180 bis 250 Touren; die Hubhöhe beträgt 0,5 bis 2 cm. Der erste Kasten liefert reinen Bleiglanz, der zweite gemischtes Erz, der dritte reine Blende und der vierte gemischtes Erz, der Ueberfall besteht aus Bergen; die gemischten Erze gehen wieder zum Klassificateur zurück.

Die in dem Klassificateur von den Sanden getrennten Schlämme gehen in Spitzkasten und aus diesen direkt auf rotirende Heerde, welche 4 m Durchmesser und eine Neigung von 5 % haben und sich in 2½ Minuten ein Mal vollständig drehen. Das Waschen geschieht unter Zuführung von hellen Wassern. Die verschiedenen Sorten — reiner Bleiglanz, reine Blende, gemischtes Erz und Berge — werden durch Brausen abgespült. Die gemischten Erze werden entweder nochmals den Spitzkasten aufgegeben oder auf Rittinger-schen Heerden fertig gewaschen.

Die Aufbereitung auf den übrigen Gruben weicht von der hier beschriebenen je nach der Art der Erzführung und der Anwendung anderer, zum Theil unvollkommenerer Apparate mehr oder weniger ab.

Die Art und Anzahl der überhaupt thätigen Arbeitsmaschinen ergiebt sich aus der im Abschnitt IX folgenden Tabelle.

Maschinen.

Nur auf der Aufbereitungsanstalt zu Immekeppel wird ein Wassergegefälle mittelst Turbinen ausgenutzt, im Uebrigen bildet der Dampf die Betriebskraft der Förder-, Wasserhaltungs- und Aufbereitungsmaschinen. Die Anzahl, Art etc. derselben, sowie der Dampfkessel ergeben sich aus der Zusammenstellung im Abschnitt IX.

Beschreibung der einzelnen Gänge und Gangsysteme.

Dieselben lassen sich am Besten im Zusammenhange mit der Oberflächengestaltung und zwar nach den durch den Lauf der Sülze und der Agger gebildeten Terrainabschnitten übersehen. Da die Erzführung dieser Lagerstätten, wie bereits oben angeführt, vorwiegend aus Bleiglanz und Zinkblende besteht, so werden hierüber im Folgenden nur dann besondere Angaben gemacht werden, wenn statt dieser Erze ausschliesslich oder vorwiegend andere Erze vorkommen.

Erster Terrainabschnitt, von der Kalksteingrenze bis zur Sülze.

Von Westen beginnend findet man schon ganz in der Rheinebene und unter der Bedeckung von Diluvialmassen die beiden Gänge der Grube Galilei. Beide Gänge streichen in Stunde 12 bis 1; der westliche Gang hat östliches, der zweite, 200 m davon entfernte Gang westliches Einfallen. Der erstere Gang ist auf eine Länge von 130 m aufgeschlossen; die bauwürdige Länge betrug in der ersten Bausohle 60 m, verkürzte sich aber bis zur tiefsten Sohle, 62 m unter der Oberfläche, bedeutend. Eigentliche Saalbänder sind nicht bekannt geworden. In der aufgeschlossenen Gangmächtigkeit von 15 bis 16 m lagen mehrere, theilweise recht edle Erzmittel, die nicht regelmässig aushielten. Der zweite Gang war bei geringer Mächtigkeit kaum bauwürdig. Der Betrieb wurde im Jahre 1863 nach dem Abbau der vorgerichteten Erzmittel in Folge äusserer Verhältnisse eingestellt; die Wiederaufnahme desselben ist zu erwarten.

In den angrenzenden Grubenfeldern Bleistift, Copernicus, Glückauf I, Glückauf II, Bensberg, welche sich über die Ebene und einzelne flache Rücken ausdehnen, treten mehrere nur durch Schürfarbeiten bekannt gewordene Erzvorkommen auf, in dem zuletzt genannten Felde ganz in der Nähe der Kalksteingrenze.

An dem Bergabhange unterhalb Bensberg breitet sich das ausgedehnte consolidirte Grubenfeld Julien aus, in welchem ein auf eine Länge von etwa 1300 m bekanntes Erzvorkommen aufsetzt, das schon in alter Zeit Gegenstand des Bergbaues gewesen ist. In den Jahren 1826 bis 1830 kamen einige nicht bedeutende Arbeiten zur Ausführung. Im Jahre 1845 wurde durch die

Wiederaufnahme des Betriebes die jetzige Betriebsperiode des Bensberger Erzbergbaues eröffnet. Aus einem 90 m tiefen Schachte wurde der Gang in drei Bausohlen aufgeschlossen, in der zweiten Sohle auf eine Länge von etwa 300 m. Das Gangstreichen geht in Stunde 7 bis 8 mit südlichem Einfallen von 60°; die Gebirgsschichten streichen in Stunde 6. Der Gang hatte eine wechselnde, bis zu 10 m betragende Mächtigkeit, die Ausfüllung bestand vorwiegend aus Grauwackeschichten. In der ersten Sohle war das bauwürdige Erzmittel 125 m lang und hatte zum Theil sehr edle Erzführung. Vor vollendetem Abbau der erschlossenen Mittel und vor Ausrichtung der vierten Sohle musste der Betrieb wegen eingetretener Senkungen der Maschinenfundamente im Jahre 1856 eingestellt werden. Die westliche Fortsetzung des Ganges ist durch Versuchsarbeiten bis über das Dorf Kaule hinaus bekannt geworden. Bei der Anlage des Bahnhofes Bensberg im Jahre 1869 wurde an dem westlichen Ende des flachen Rückens, auf dem das Dorf Kaule liegt, ein reiches Erzvorkommen aufgeschlossen und später mit einem nur wenig Teufe einbringenden Stollen 110 m überfahren. Die Mächtigkeit des in Stunde 5 bis 6 streichenden, mit 70° gegen Süden einfallenden Ganges beträgt bis zu 12 m mit Erzmitteln von 1 bis 4 m Mächtigkeit. Es wird angenommen, dass dieser Gang sich mit dem ersterwähnten Gange schaaren werde. In der Nähe des vermutheten Schaarungspunktes ist ein neuer Maschinenschacht bis zu 42 m niedergebracht worden und mit dem östlichen Feldorte aus demselben der Aufschluss mehrerer, stellenweise bis zu 8 m mächtiger, indess nicht sehr reicher Erzmittel erfolgt. Die Untersuchung der westlichen Fortsetzung des Ganges aus dem westlichen Feldorte konnte mit Rücksicht auf das Dorf Kaule nicht ausgeführt werden, und der Betrieb wurde zu Ende des Jahres 1881 vorläufig ganz eingestellt.

In dem Einzelfelde Werner des cons. Feldes Julien ist über der Stollensohle ein Gangvorkommen auf etwa 20 m Länge bekannt geworden, das in Stunde 10 bis 11 streicht, gegen Osten einfällt und bei einer Mächtigkeit von 10 m drei Blendetrümmer hatte, welche zusammen 2 bis 3 m mächtig waren. Das weitere Verhalten ist noch nicht bekannt; auch die in dem Einzelfelde Liebig auftretenden Erzvorkommen sind noch nicht näher untersucht worden.

Oestlich von Bensberg setzt in einem Bergrücken, der sich von dem über Bensberg und Herkenrath verlaufenden Hauptgebirgsrücken nach dem Milchbornthale einsenkt, der Gang der Grube Jungfrau auf. Derselbe ist in vier Bausohlen, deren tiefste 95 m unter der Oberfläche und 64 m unter der Stollensohle liegt, aufgeschlossen und in der grössten Ausdehnung von 400 m in der ersten Tiefbausohle überfahren worden. Das Streichen geht in Stunde 12 bei flachem, bis zu 45° abnehmendem östlichem Einfallen. Das Nebengestein besteht aus meistens flach einfallenden, in Stunde 6 streichenden Grauwacken- und Schieferschichten. Die Gangmächtigkeit beträgt meist 1 bis 2 m, die Erze traten in mehreren Mitteln von verschiedener Länge, meistens sehr edel und derb auf. Im nördlichen Feldestheile erweitert sich die Gangmächtigkeit bis zu 8 m, wobei die Erzführung unregelmässig, nesterweise wird. In dem angekauften Theile des Feldes Blücher II sind im Hangenden des Ganges Jungfrau mehrere Erzvorkommen bekannt, welche einer näheren Untersuchung werth zu sein scheinen. Der Betrieb der Grube wurde in der Mitte des Jahres 1881 äusserer Verhältnisse wegen vorläufig eingestellt.

Die nördliche Fortsetzung des Ganges Jungfrau ist vielleicht der Gang Gérard, an der nördlichen Seite des Milchbornthales, im Felde des consolidirten Bergwerks Blücher.

Der Hauptgang Napoleon des Bergwerks Blücher setzt in einem von dem Hauptgebirgsrücken gegen Westen zwischen dem Milchborn- und dem Leerbachthale sich abzweigenden Bergrücken auf und ist in einer Länge von etwa 770 m überfahren worden. Alte, durch Pingen bezeichnete Arbeiten sind stellenweise bis zu 45 m Tiefe unter der Oberfläche geführt worden. Der Betrieb wurde 1851 mit Auffahrung des Napoleonstollens aufgenommen und ist bis jetzt durch Bildung von sechs Tiefbausohlen und einer Gesenksohle in die Teufe von 178 m unter dem Stollen (25 m unter N. N.) vorgedrungen. In der Stollensohle betrug die Länge der durch taube Mittel verschiedener Länge getrennten und im östlichen Felde durch eine mächtige, östlich einfallende Kluft verworfenen Erzmittel etwa 565 m. Das Streichen der Erzmittel geht in schwach bogenförmiger Wendung in Stunde 7 bis 8, womit das Streichen des Ganges, dessen Saalbänder nicht mit Sicherheit bekannt sind, übereinstimmen dürfte. In dem längeren westlichen Theile und noch über die Kluft hinaus haben die Erzmittel südliches Einfallen von 70 bis 75°, weiter gegen Osten geht dasselbe in nördliches über. Die Erzführung war bei einer durchschnittlichen Mächtigkeit der Mittel von nicht viel über 1 m, die stellenweise aber 3 bis 4 m erreichte, grösstentheils edel; namentlich zeichnete sich das sog. Katzbachmittel östlich der Kluft durch reiche Bleierze aus. Eine offene Spalte durchsetzt hier bis zu grosser Tiefe das Erzmittel im Streichen; dieselbe exhalirte früher Kohlensäure. Gegen Westen in der Nähe der Kalksteingrenze zersplittert sich die Erzführung; die östliche Fortsetzung des Ganges ist in mehreren Versuchsstollen bisher nicht aufgefunden worden. In der ersten Tiefbausohle (42 m) ist die Längenausdehnung der Erzmittel ziemlich dieselbe gewesen, unterhalb dieser Sohle trat aber, soweit der frühere Betrieb reichte, eine rasche Verkürzung derselben ein. Im Hangenden der östlichen Kluft beträgt die Länge der über der Stollensohle in einer Ausdehnung von 270 m abgebauten Erzmittel in der hier tiefsten 104 m Sohle kaum noch 30 m. Zunächst im Liegenden der Kluft verliert sich die Erzführung schon bald unter der 42 m Sohle, weiter gegen Westen setzen die Erzmittel bis in die tiefsten Sohlen nieder. Oestlich des Hauptschachtes Ludwig geht dabei das Streichen der Erzmittel, welches in der Stollensohle in Stunde 8 war, allmählich diagonal und ganz quer. In der 42 m Sohle war das Streichen in Stunde 9, in der 72 m Sohle in Stunde 10, in der 104 m Sohle in Stunde 12, womit eine Verkürzung der Erzmittel bis auf 30 m verbunden war. In den tieferen Sohlen haben die meistens kurzen und theilweise die bedeutende Mächtigkeit von 10 bis 15 m erreichenden Erzmittel wechselndes Streichen und Einfallen. Das Erzvorkommen scheint in dem westlichen Theile stockwerksartig ausgebildet zu sein; von Einfluss ist wohl ein als Blücher bezeichnetes, in Stunde 6 streichendes und nördlich einfallendes Gangtrumm, das sich westlich des Hauptschachtes mit dem Napoleongange schaart. Die Gangverhältnisse sind bisher nicht klar aufgeschlossen worden; nach dem neuesten Aufschlusse setzt das südöstlich streichende Erzmittel der 42 m Sohle über die bis dahin bekannte Länge mit zum Theil grosser Mächtigkeit und guter Erzführung fort.

Etwa 70 m im Liegenden des Hauptganges ist östlich der Kluft ein meistens nicht über 1 m mächtiges, in Stunde 6 streichendes und steil gegen Norden einfallendes Gangtrumm aufgeschlossen worden, das theilweise bauwürdig ist, im Streichen und Einfallen aber nicht auszuhalten scheint. Noch weiter im Liegenden im Felde Galvani ist ein in Stunde 6 streichendes unbauwürdiges Gangtrumm bekannt geworden.

In dem grossen consolidirten Grubenfelde Blücher setzen noch mehrere Erzvorkommen auf, so: Norma, Madonna, Fortuna, von denen nur das letztere aus einem 30 m tiefen Schachte etwa 70 m streichend überfahren ist. Der Gang streicht in Stunde 6 und hat bei geringer Mächtigkeit einige kleine Erzpartieen geführt.

Südöstlich des Hauptgebirgsrückens von Bensberg über Herkenrath ist zunächst das in dem nördlichen Abhange eines dem Eschbachthale zufallenden Bergrückens aufsetzende Erzvorkommen der Grube Leopold von Buch zu nennen. Bei den seitherigen Betrieben sind ausser zahlreichen kleinen Gangtrümmern die als Anhöhe-, Emma- und Arago- (Luftschiff-)Gang bezeichneten Erzlagerstätten bekannt geworden. Das Streichen der ersteren ging in Stunde 6, der zweiten in Stunde 11 bis 12, der dritten sehr wechselnd in Stunde 9 bis 12. Der Anhöhegang mit nördlichem Einfallen ist unterhalb der 21 m Sohle, bis zu welcher die unregelmässigen, theilweise recht edlen Erzmittel abgebaut sind, nicht mehr bekannt geworden. Der östlich einfallende Emmagang scheint gegen Süden an dem Anhöhegang abzustossen; die Abbaue haben eine Ausdehnung von 50 m erlangt, die Erzmittel waren 8 bis 9 m mächtig und ziemlich reich. Unterhalb der 63 m Sohle ist die Erzlagerstätte nicht mehr aufgeschlossen worden. Der ebenfalls östlich einfallende Aragogang, der 40 m im Hangenden des Emmaganges liegt, scheint gegen Süden über den Anhöhegang hinaus fortzusetzen. Durch Abbau eines 50 m langen Erzmittels wurde derselbe in acht Sohlen bis zur Tiefe von 138 m unter der Stollensohle verfolgt. In der nördlichen Fortsetzung wurde noch ein weiteres Erzmittel aufgeschlossen, das 40 m lang aushielt, aber über die 104 m Sohle nicht durchsetzte. In der tiefsten Bausohle war die Lagerstätte, welche nur stellenweise noch reiche Erzpartieen führte, verunedelt. Bei einem Querschlagsbetriebe im südlichen Feldestheile wurde im Jahre 1878 eine starke Wasser führende Kluft angehauen, wodurch die Einstellung des Betriebes herbeigeführt wurde. Ein vollständiger Aufschluss des wohl ein mächtiges Gangsystem bildenden Erzvorkommens ist durch den bisherigen Betrieb nicht erlangt.

In dem nördlich vorliegenden Bergrücken, der zwischen dem Eschbache und dem bei Immekeppel in die Sülze fliessenden Bücheler Bache, gegen Süd-Osten nach der Sülze hin abfällt, setzt das wichtige, in einer Länge von 850 m bekannte Erzvorkommen der Grube cons. Weiss auf. Der im Jahre 1847 begonnene Betrieb hat aus zwei Maschinenschächten in fünf Bausohlen eine Teufe von 145 m unter dem Stollen oder 184 m unter der Oberfläche (23 m über N. N.) erreicht. Ein neuer, noch im Abteufen begriffener Schacht ist zum Hauptschachte bestimmt. Im westlichen Felde setzten in den oberen Sohlen zwei durch ein 15 bis 20 m starkes taubes Mittel getrennte Gänge von 1 bis 4 m Mächtigkeit auf mit dem Streichen in Stunde 8 bis 9 und nördlichem Einfallen von 70 bis 80°. Bei einer Länge von etwa 340 m und in der Tiefe von 80 m unter Tage schaaren sich beide Gänge. In den tieferen Sohlen erreicht der Gang stellenweise eine Mächtigkeit von 14 m; die zusammenhängend aushaltende Erzführung ist recht edel. Oestlich des Schaarungspunktes tritt nach mehreren Verschiebungen in's Hangende, welche Verwerfungen ähnlich sind, wieder eine Trennung durch taube, bis zu 20 m mächtige Mittel ein. Weiter gegen Osten, wo das Gangsystem das Grubenfeld Conrad durchsetzt und in das Grubenfeld Himmelsglück tritt, und wo die Betriebe erst bis zu 50 m unter der Stollensohle gehen, wird das Zwischenmittel bis zu 60 m stark. Das liegende Erzmittel nimmt ein mehr südliches Streichen bei flacherem Einfallen an, es erreicht eine grosse, bis zu 30 m gehende Mächtigkeit. Die Erzführung besteht beinahe ausschliesslich aus Blende, die nicht selten in compakten, massigen, mehrere Meter mächtigen Partieen auftritt. Das hangende, bis zu 8 m mächtige Mittel führt mehr Bleierze. Etwa 80 m östlich des alten Laveissièreschachtes scheint das mächtige Gangsystem durch allmählichen Uebergang in normale Gebirgsschichten zu endigen, in einem dort getriebenen Versuchsstollen ist es nicht mehr aufgefunden worden.

Die westliche Fortsetzung über die jetzigen Betriebe hinaus ist noch nicht untersucht.

In dem südlichen Abhange des Bergrückens, in dem dieses grosse Erzvorkommen aufsetzt, sind noch mehrere Gänge bekannt: in dem zu dem Bergwerke cons. Weiss gehörigen Felde Himmelsglück zwei, soweit die Aufschlüsse gehen, nicht bauwürdige Gänge, ferner in dem Felde Mariensegen ein in Stunde 1 bis 2 streichender Gang, der in den Jahren 1825 bis 1829 aus zwei Stollen auf geringe Längen überfahren wurde, wobei er stellenweise bauwürdige Kupfererzschnüre führte; in neuerer Zeit ausgeführte Versuchsarbeiten haben ungünstige Resultate ergeben.

Weiter nördlich in dem zwischen dem Büchelerbache und dem Vollbache gelegenen, nach der Sülze abfallenden Rücken sind ausser mehreren, in den Grubenfeldern Conrad, Mars, Ehrenfeld I und Ehrenfeld II erschürften Erzvorkommen die Gänge der Gruben Georg Forster und Ehrenfeld durch Grubenbetriebe bekannt geworden. Der erstere Gang hat ein Streichen in Stunde 12 bis 1 mit östlichem Einfallen. Aus einem 63 m tiefen Schachte ist er in drei Bausohlen 60 m überfahren worden. Die Mächtigkeit betrug bis zu 6 m, die Erzführung trat zerstreut, nesterweise auf und verunedelte sich nach der Tiefe. Der Gang Ehrenfeld, von theilweise bedeutender, 10 m erreichender Mächtigkeit ist auf eine Länge von 40 m bis zu einer Tiefe von 50 m abgebaut worden. Im Streichen und Einfallen hat sich der Gang gänzlich verdrückt; mit dem aus dem Vollbachthale herangetriebenen tiefen Ehrenfelderstollen ist er nicht aufgefunden.

In dem breiten Bergrücken zwischen dem Vollbache und dem Dürscheiderbache, der nur von dem Querthale des Kotzbachs durchschnitten wird, trifft man an der nördlichen Seite des Vollbaches zunächst die wichtigen Erzvorkommen der Gruben Berzelius und Apfel.

In dem Grubenfelde Berzelius ist der Betrieb im Jahre 1851 durch Auffahren eines Stollens aufgenommen und bisher aus zwei Maschinenschächten über fünf Bausohlen bis zu einer Tiefe von 135 m unter der Stollensohle fortgeführt worden. Es werden hier vier Gänge unterschieden. Der erste und zweite Gang streichen in Stunde 8 mit südlichem Einfallen, beide sind durch ein Zwischenmittel von 20 m Mächtigkeit getrennt. Der erste Gang ist in der Stollensohle 100 m lang überfahren und abgebaut worden; die Mächtigkeit hat bis zu 2 m betragen, die Erzführung wesentlich aus Blende bestanden. In der 42 m Sohle wurde der Gang taub angetroffen, doch sind die Aufschlüsse nicht vollständig durchgeführt worden. Der zweite Gang ist nur wenig bekannt. In einer Entfernung von 68 m (in der Stollensohle) gegen Norden setzt dann der dritte Gang auf und in dessen Hangendem der vierte Gang. Beide fallen bei einem Streichen in Stunde 8 gegen Norden mit 60 bis 65° ein. In der Querlinie des Förderschachts No. III ist das Zwischenmittel in der Stollensohle 28 m stark; etwa 80 m östlich des Schachts schaaren sich beide Gänge und setzen weiter gegen Osten durch. Der dritte Gang ist in dieser Sohle auf 240 m Länge überfahren worden. Die Länge der abgebauten, bis zu 6 m mächtigen Erzmittel betrug 180 m. Oestlich des Schaarungspunktes wurde der Gang taub, ebenso in der westlichen Fortsetzung. Der vierte Gang verhielt sich in ähnlicher Weise, doch legten sich bei einer Mächtigkeit von 4 m mehr taube Partieen ein. Beide Gänge setzten in dieser Weise bis zur 105 m Sohle nieder, die Schaarungslinie schiebt steil gegen Osten ein. In den einzelnen Sohlen sind die Erzmittel theils verkürzt, theils ausgedehnter. In der 105 m und in der 135 m Sohle hält der dritte Gang mit edler Erzführung weit länger gegen Westen aus, als in den oberen Sohlen, und ist bereits auf eine Länge von nahezu 400 m überfahren. Die Mächtigkeit ist dabei durchschnittlich grösser, als in den oberen Sohlen, und geht bis zu 18 m. Auch der vierte Gang ist mächtiger, als in den oberen Sohlen. Die Erzführung war auf beiden Gängen durchgehends reich an Bleierzen mit hohem Silbergehalte. Das Liegende des dritten Ganges ist mehrfach durchbrochen; das Zwischenmittel zwischen dem dritten und vierten Gange besteht aus den in der bereits besprochenen Weise veränderten Schichten des Lenneschiefers, und im Hangenden des vierten Ganges sind in demselben veränderten Gesteine noch mehrere, bisher nicht näher untersuchte Erztrümmer bekannt. Das normale Nebengestein des über 70 m mächtigen Gangsystems, dem der dritte und vierte Gang angehören, ist im Hangenden nur im östlichsten Felde, östlich des Schaarungspunktes bekannt. In dem westlichen Grubenfelde ist das Verhalten des Ganges wenig bekannt, die hier geführten Betriebe scheinen auf Erztrümmern im Liegenden des dritten Ganges geführt zu sein. Ein am gegenüber liegenden rechten Gehänge des Vollbachthales getriebener Versuchsstollen zur Aufsuchung der vermutheten Fortsetzung des dritten Ganges hat ein günstiges Resultat nicht ergeben; nach den Aufschlüssen in den tiefsten Sohlen scheint der Gang ein mehr nördliches Streichen anzunehmen und das Thal nicht zu durchsetzen.

Etwas östlich und 250 m im Liegenden des Erzvorkommens der Grube Berzelius setzt in demselben Bergrücken der Gang der Grube Apfel auf. Der Betrieb ist im Jahre 1847 aufgenommen und der Gang dann aus mehreren Stollen und einem Maschinenschachte in drei Tiefbausohlen bis zur Tiefe von 126 m unter dem Stollen ausgerichtet worden in einer Ausdehnung von 700 m. Der Gang hatte bei meistens scharf ausgeprägten Saalbändern ein Streichen in Stunde 6 bis 7 und nördliches Einfallen von 60 bis 65°. Die Gebirgsschichten streichen in Stunde 5 und erst im östlichen Felde abweichend in Stunde 12 mit nördlichem bezw. östlichem Einfallen. In der Stollensohle und streckenweise noch ziemlich tief unter derselben hatten die Alten die vorwiegend Bleierze führenden Partieen abgebaut. In der ersten Sohle war der Gang in einer Länge von 150 m und weiter östlich nach einer kurzen Verdrückung in einer Länge von 130 m bauwürdig. Die Erzmittel erfüllten die Gangmächtigkeit, die 0,5 bis 10 m betrug, wobei sich häufig, namentlich am Liegenden sehr reiche Bleierztrümmer anlegten. In der zweiten Sohle war die bauwürdige Länge durch Verunedelung des östlichen Mittels verringert, dagegen legte sich hier ein nicht bis zur oberen Sohle durchsetzendes Mittel von 100 m Länge an. In der dritten Sohle waren nur kurze, nicht zusammenhängende und nicht regelmässig nach oben aushaltende Gangpartieen bauwürdig, und unter diese Sohle setzten nur noch zwei Mittel nieder, von denen das eine bis zu 8 m Tiefe noch 20 m lang abgebaut worden ist. Der Gang setzt mit deutlichen Saalbändern und etwa 10 m mächtig noch tiefer nieder. Im weiteren östlichen Fortstreichen erweiterte sich der Gang ganz bedeutend, und es ist hier ein namentlich zwischen der ersten und zweiten Sohle sehr reiches Erzmittel abgebaut worden, das in Stunde 12 quer gegen das Gangstreichen vom Liegenden bis zum Hangenden des Ganges eine Länge bis zu 40 m erreichte. Es fiel wie die Gesteinsschichten, in denen sich die Erzführung verbreitete, flach mit 40° gegen Osten ein und war bis zu 5 m mächtig. Nach den oberen Sohlen verunedeltesich die Erzführung und setzte auch nicht nieder. Oestlich dieses Mittels scheint die Gangbildung bei grösser werdender Mächtigkeit durch Uebergang in Gesteinsschichten zu endigen, welche mit den aus dem Conradstollen getriebenen Versuchsarbeiten vielfach zertrümmert und verändert, aber ohne Erzführung angetroffen wurden. Im westlichen Felde ist der Gang mit ausgeprägten Saalbändern über das westliche Erzmittel hinaus weiter überfahren worden, war aber unter dem Vollbachthale und unter dem Bergabhange der gegenüberliegenden Thalseite taub. Nach beendigtem Abbau der aufgeschlossenen Erzmittel wurde der Betrieb im Jahre 1881 eingestellt.

An der östlichen Seite des Kotzbachsthales, etwa 600 m oberhalb der Einmündung dieses Baches in den Vollbach, setzt ungefähr im projektirten Fortstreichen des Gangsystems der Grube Berzelius das Erzvorkommen der Grube Columbus auf, das in 6 Bausohlen aus einem Maschinenschachte bis zur Tiefe von 126 m unter dem Stollen ausgerichtet worden ist. In den oberen Sohlen wurden unregelmässig knollenartig gestaltete Erzmittel abgebaut, die bis zu 15 m mächtig und durch Verschmälerungen verbunden waren. Die ganze Länge der Erzmittel betrug 110 m, das Streichen geht in Stunde 6 bis 7, das Einfallen ist nördlich mit 60°. Die Erzmittel schieben ziemlich flach gegen Osten ein. Die Erzführung in den meistens dickbänkigen Grauwackenschichten bestand häufig aus sehr reichen Bleierzpartieen. Nach den tieferen Sohlen wird die Mächtigkeit grösser, bis zu 25 m, die Erztrümmer durchziehen die Gangmasse in verschiedenen Richtungen, und die Länge der Erzmittel verkürzt sich bis zu 80 m. Die östliche Fortsetzung ist noch nicht genügend aufgeschlossen worden. Gegen Westen setzt der Gang fort, wird aber unter dem Kotzbachthale taub und ist auch unter dem gegenüberliegenden Gehänge taub überfahren. Ein in oberer Höhe im Liegenden bekanntes Erzmittel Tilly scheint nicht niederzusetzen.

Nördlich von diesen Gängen sind in den Grubenfeldern Keppler, Strohmeyer, Lafayette, Fixstern, Emilie, Elisa, Loisel, Tetzel, Franklin verschiedene noch nicht näher untersuchte Erzvorkommen bekannt.

In einem nach dem Lehmbache, einem kleinen Zuflusse des Dürscheiderbaches, sich einsenkenden Bergrücken setzt dann das Erzvorkommen der Grube Washington auf, wo die Betriebe über sieben Bausohlen eine Teufe von 188 m unter der Oberfläche oder von 172 m unter dem Stollen erreicht haben. In den oberen Sohlen ist eine grosse Zahl in verschiedenen Richtungen streichender Erztrümmer von theils geringer Mächtigkeit aufgeschlossen worden. In den tieferen Sohlen traten südwestlich von diesen Erztrümmern bis zu 15 m mächtige Erzmittel auf, welche bei einem Streichen in Stunde 5 bis 6 und theils nördlichem, theils südlichem, ziemlich steilem Einfallen eine Länge von 60 m erreichten und mit einer Verkürzung bis zu 32 m bis zu der tiefsten Sohle niedersetzen. Die Erze traten vielfach in mächtigen, derben Partieen auf. An das östliche Ende dieser als „Stock“ bezeichneten Erzmittel schliesst sich der sog. Quergang an, der bei einem Streichen in Stunde 12 und östlichem Einfallen etwa 100 m gegen Süden fortsetzt. Die Mächtigkeit beträgt bis zu 6 m, der Gang wird mehrere Male durch Schichtungsklüfte und Gesteinsschnitte verwerfungsartig abgelenkt. Gegen Süden verdrückt er sich; südlich des Lehmbachthales ist er in einem Versuchsstollen nicht mehr aufgefunden worden. Die Erzführung des Querganges war durchgängig edel. Die Gangverhältnisse sind nicht vollständig aufgeschlossen. Wahrscheinlich gehören die verschiedenen bekannt gewordenen Erzmittel einem im nördlichen, bezw. nordwestlichen Theile mächtigen Gangsysteme an, dessen Hauptstreichen gegen Nordwesten geht und dessen südliche Fortsetzung der sog. Quergang ist. Eine Untersuchung des nordwestlichen Feldestheiles muss hierüber Aufklärung verschaffen.

Weiter gegen Norden über den Dürscheider Bach hinaus sind Erzvorkommen nicht bekannt geworden.

Aus dem südlichsten Theile dieses Terrainabschnittes sind noch einige Gänge anzuführen, die auf der rechten Seite der Sülze in den nach der Ebene hin abfallenden Hügeln aufsetzen. Zunächst der Gang der Grube James Watt, der in Stunde 7 bis 8 streicht und südlich einfällt. Aus einem 20 m tiefen Schachte ist derselbe gegen 50 m überfahren worden, wobei sich in dem wenig mächtigen Gange einige ziemlich reiche Erzmittel fanden, nach deren Abbau der Betrieb im Jahre 1866 eingestellt wurde. Ferner das interessante Erzvorkommen der Grube Versöhnung, wo in mehreren kurzen Betriebsperioden, zuletzt 1867 bis 1869, Betrieb stattgefunden hat aus einem 56 m tiefen Schachte. Es sind hier drei Gänge bekannt geworden. Der Schillergang ist in der 23 m Sohle auf eine Länge von 210 m überfahren, sein Streichen geht in Stunde 4 bis 5 mit südöstlichem Einfallen. Im Liegenden desselben setzen die in Stunde 11 bis 12 streichenden Gänge Versöhnung und Piret auf, ersterer mit westlichem, der zweite mit östlichem Einfallen. Das Mittel zwischen beiden Gängen beträgt am Schillergange in der 23 m Sohle 22 m, in der 36 m Sohle 34 m. In letzterer Sohle sind beide Gänge gegen Norden etwa 80 m überfahren und dann durch eine nördlich einfallende Kluft abgeschnitten, in deren Hangendem unregelmässige Trümmer weiter fortsetzen. Der Piretgang scheint auch im Hangenden des Schillerganges gegen Süden durchzusetzen. Das Mittel zwischen den Gängen Versöhnung und Piret war vielfach von Trümmern durchzogen. Der Schillergang führte in quarziger Gangmasse theilweise eingesprengte Kupfererze. Von dem Schaarungspunkte mit dem Piretgange gegen Westen legten sich in einem 20 m langen Mittel bei einer Mächtigkeit von 4 bis 40 cm derbe Nickelerze (Kupfernickel und Weissnickelkies) an. Efflorescenzen von Nickel und Kobalt mit 18 % Nickel bezw. 14 % Kobalt waren ausserdem häufig. Der Gang Versöhnung führte feinkörnigen Bleiglanz und Schwefelkies, auch etwas Zinkblende und Kupferkies bei einer Mächtigkeit von 0,5 m; in der Nähe vom Schillergange traten auch Nickelefflorescenzen auf. Der Piretgang führte bei einer Mächtigkeit bis zu 0,5 m Bleiglanz mit Zinkblende und wenig Kupfererze und nickelhaltige Mineralien. Ein kurzes Gangtrumm im Hangenden der nördlichen Kluft hatte sehr starke Kobaltefflorescenzen, ein zweites starke Nickelefflorenscenzen. Die Ausrichtung der Gänge in der tiefsten Sohle konnte der unzureichenden Maschinenkräfte wegen nicht durchgeführt werden.

Endlich sind hier noch die durch Schürfarbeiten aufgeschlossenen Gänge Kant, Nordberg, Gottfried, Sophie und Basel anzuführen, welche Kupferkies führen, wozu bei dem letztgenannten Gange noch Bleierze treten.

Zweiter Terrainabschnitt, von der Sülze und dem Lenneferbache bis zum Aggerthale.

In diesem zweiten Abschnitte schliesst zunächst der eine absolute Höhe von 261 m erreichende, weithin sichtbare Bergrücken des hohen Lüderich ein durch grosse Mächtigkeit, Ausdehnung und Reichhaltigkeit ausgezeichnetes Erzvorkommen ein. Der genannte Bergrücken erstreckt sich der Sülze entlang zwischen dem bei Altenbrück einmündenden Holzbache und dem bei Vollberg einmündenden Brungsbache in einer Länge von über 3600 m. Auf der Westseite schneidet neben einigen Siefen der Rothenbach tief ein. Die Ostseite wird durch den Lauf kleiner Zuflüsse der genannten Bäche gebildet. Ueber den ganzen Bergrücken erstreckt sich stellenweise unterbrochen eine Reihe ausgedehnter alter Pingen, einen sehr alten, vielleicht schon von den Römern, im Mittelalter der Sage nach von der Abtei Siegburg und später von dem Domkapitel zu Köln betriebenen Bergbau bekundend. Der jetzige Betrieb ist im Jahre 1833 aufgenommen und bis zum Uebergange der zahlreichen kleinen gestreckten Felder in den Besitz der Gesellschaft Rochaz & Comp. im Jahre 1846 in nur geringer Ausdehnung fortgeführt worden. Zu seiner jetzigen Bedeutung hat er sich erst entwickelt, nachdem die Gesellschaft Vieille Montagne das Bergwerkseigenthum im Jahre 1852 erworben hatte. Das jetzige grosse consolidirte Grubenfeld Lüderich überdeckt mit Ausnahme einiger kleiner Theile den ganzen Bergrücken. Der mittlere Feldestheil ist durch zwei von der Ostseite des Rückens herangeholte Stollen aufgeschlossen, durch den 1839 angesetzten Frühlingstollen, der unter Tage durchschnittlich 50 m Teufe einbringt, und den im Jahre 1847 begonnenen 30,7 m tieferen Auguststollen. Beide Stollen sind in südlicher Richtung aufgefahren, der Auguststollen Ende 1881 bis zu 1098 m Länge. Der im Sülzethale bei Altenbrück an dem nördlichen Ende des Bergrückens angesetzte, im Jahre 1837 begonnene tiefe Lüdericher Stollen bringt eine weitere Teufe von 45,5 m ein. Die Länge des in südlicher Richtung getriebenen Stollens betrug Ende 1881 etwa 1921 m, das Feldort stand noch gegen 300 m gegen das des Auguststollens zurück. Der südliche Feldestheil ist durch den in östlicher Richtung aus dem Rothenbachthale 430 m aufgefahrenen Franziskastollen gelöst, dessen Sohle 27,25 m über der des tiefen Lüdericher Stollens liegt. Die Ausrichtung einer ersten Tiefbausohle in 40 m Tiefe unter dem Lüdericher Stollen ist aus dem im nördlichen Feldestheile abgeteuften Nordschachte und dem 600 m südlich desselben abgeteuften, zum Haupt-Wasserhaltungs- und Förderschachte bestimmten Centralschachte begonnen.

Die zahlreichen in dem ausgedehnten Grubengebäude bekannten Erzvorkommen lassen sich am besten übersehen, wenn man den tiefen Lüdericher Stollen von seinem Mundloche gegen Süden verfolgt. Es sind hier zunächst einige, soweit bis jetzt bekannt unbedeutende Erztrümmer angetroffen, und erst bei etwa 450 m Stollenlänge ist die in Stunde 2 streichende und östlich einfallende sog. nördliche Lagerstätte aufgeschlossen. Dieselbe ist in einer Länge von 200 m abgebaut worden; die Mächtigkeit betrug 6 bis 10 m, im Liegenden treten indess noch viele kleine Erztrümmer auf, so dass die ganze Mächtigkeit der erzführenden Gesteinszone bis zu 50 m betrug. Gegen Norden und Süden verlor sich die Erzführung, in oberer Höhe verdrückte sich das Mittel. In der Tiefbausohle ist die nördliche Lagerstätte bis jetzt schon 90 m weiter gegen Süden, als in der Stollensohle, bauwürdig überfahren worden bei einer Mächtigkeit von 5 bis 14 m. Bei etwa 420 m südlicher Entfernung von dieser Lagerstätte sind in dem Lüdericher Stollen mit einem westlichen Querschlage zwei, in Stunde 1 bis 2 streichende und östlich einfallende Erzmittel durchfahren worden. Das eine war unbedeutend, das zweite wurde 45 m überfahren, wobei es aber sowohl im Streichen, als auch in geringer Höhe über der Sohle taub wurde. In der Tiefbausohle ist eine in Stunde 2 bis 3 streichende, 9 m mächtige Lagerstätte mit guter Erzführung ausgerichtet worden, welche wohl mit dem erwähnten zweiten Erzmittel in der Stollensohle identisch sein dürfte. Bis zu der etwa 200 m weiter südlich aufsetzenden Frühlingslagerstätte sind in der Stollensohle weitere Erzmittel nicht bekannt geworden. In der Tiefbausohle dagegen ist im Hangenden der eben erwähnten Lagerstätte eine zweite, in Stunde 1 bis 2 streichende und 5 m mächtige Lagerstätte mit guter Erzführung erschlossen worden, welche in der Stollensohle nicht bekannt ist und dahin nicht durchzusetzen scheint.

Die sog. Frühlingslagerstätte umfasst sodann eine grössere Zahl verschiedener Erzmittel, die in einer in Stunde 3 bis 4 streichenden, 80 bis 90 m breiten Zone aufsetzen. Dem bereits oben Gesagten ist noch beizufügen, dass die zusammenhängend bauwürdige Länge des Hauptmittels 150 m betragen hat, und die Mächtigkeit meistens zwischen 3 bis 6 m schwankte, stellenweise aber bis zu 24 m ging, wobei sich häufig derbe Erze in mächtigen Partieen anlegten. Gegen Süden sind in mehreren Querschlägen die in höherem oder geringerem Grade gestörten und veränderten Gebirgsschichten durchfahren worden; zahlreiche kleine Erztrümmer und kleine Partieen eingesprengter Erze wurden dabei angetroffen, wodurch die weitere Fortsetzung der Frühlingslagerstätte gegen Süden angedeutet zu sein scheint. In der Tiefbausohle sind die Aufschlüsse zur Zeit noch unbedeutend; das nördliche Ende der Lagerstätte ist querschlägig durchbrochen, mehrere Erztrümmer setzen in den gestörten und veränderten Gebirgsschichten auf.

Im Hangenden der Frühlingslagerstätte legt sich sodann die sog. Bergmannsfreuder Lagerstätte an, zuerst in Stunde 11 bis 12 etwa 160 m streichend, dann mit einer ziemlich scharfen Biegung in das Streichen in Stunde 3 bis 4 übergehend. In dem weiteren Verlaufe gegen Süden macht die Lagerstätte, jetzt Sommerlagerstätte genannt, noch mehrere nicht so stark und so scharf ausgeprägte bogenförmige Wendungen, nimmt dann ein Streichen in Stunde 2 an und scheint in einem bis zu Stunde 3 gehenden Streichen gegen Süden fortzusetzen. Die ganze bis jetzt aufgeschlossene Länge dieser Lagerstätte beträgt über 800 m. Es befinden sich in dieser Ausdehnung einzelne die Erzführung unterbrechende taube Mittel von verschiedener Länge, die indess nicht regelmässig niedersetzen; so war über der Auguststollensohle der Zusammenhang zwischen der Bergmannsfreuder und der Sommerlagerstätte unterbrochen, während in der Lüdericher Stollensohle eine Unterbrechung nicht stattfindet, so dass der Abbau in der Länge von 400 m zusammenhängend geführt wird. Die Mächtigkeit wechselt zwischen 4 und 15 m, geht aber streckenweise noch über 20 m. Das Liegende dieser ausgedehnten Lagerstätte ist nur mit einzelnen Querschlägen durchbrochen, womit unregelmässige Erztrümmer in den mehr oder weniger gestörten und veränderten Gebirgsschichten aufgeschlossen wurden. Südlich des südlichen Feldorts des Auguststollens folgt dann bis zu den aus dem Franziskastollen geführten Betrieben ein etwa 300 m langer noch unbekannter Zwischenraum. Eine grosse Zahl ausgedehnter Pingen bezeichnet an der Oberfläche die weitere Verbreitung des Erzvorkommens.

In dem Franziskastollen sind drei in Stunde 3 streichende und östlich einfallende, mit meistens deutlichen Begrenzungen versehene Gänge bekannt, welche theilweise von den Alten bis zu dieser Sohle schon abgebaut worden sind. Auf dem mittleren, der vielleicht als die südliche Fortsetzung der Sommerlagerstätte anzusehen ist, wurde in einer Länge von 120 m über der Stollen-

und über einer 13 m tieferen Sohle Abbau geführt. Die Erze, ganz überwiegend Zinkblende, setzten meist in scharfen, flach liegenden Trümmern in einem mürben, leicht zerfallenden Sandsteine auf; die Mächtigkeit ging bis zu einigen Metern. In der weiteren nordöstlichen Fortsetzung wird die Mächtigkeit grösser, nach dem Liegenden hin legen sich mehrere Erztrümmer an, die Aufschlüsse sind indess noch unvollständig. Das Verhalten des 95 m im Liegenden, bezw. 115 m im Hangenden aufsetzenden ersten, bezw. dritten Ganges ist noch wenig bekannt. Nach den vorliegenden alten Pingen scheint der erste Gang eine grössere Mächtigkeit zu haben.

Die Betriebe bewegen sich in dem grössten Feldestheile noch über den verschiedenen Stollensohlen, über welchen, wenn auch die Alten theilweise bis unter den Auguststollen vorgedrungen sind, noch grosse Abbaufelder anstehen. Im nördlichen und südlichen Feldestheile ist das Erzvorkommen noch nicht vollständig aufgeschlossen. Im mittleren Feldestheile gehören die verschiedenen Erzlagerstätten, wie bereits oben ausgeführt ist, einem ausserordentlich mächtigen Gangsysteme an. Die Gesteinsschichten zwischen den einzelnen Lagerstätten und die im Liegenden derselben sind in derselben Weise in der Lagerung gestört und verändert, wie die Gesteinsschichten, welche innerhalb der Lagerstätten als die Träger der Erzführung auftreten, und sind von kleinen Erztrümmern vielfach durchzogen. Eine bestimmte Begrenzung des Gangsystems im Liegenden ist noch nicht nachgewiesen, ebenso ist es nicht gewiss, ob das Hangende der Bergmannsfreuder und Sommerlagerstätte das eigentliche Hangende des Gangsystems bildet. Die im südlichen Felde (Franziska) mit schärferen Begrenzungen auftretenden Lagerstätten sind mehr als Einzelgänge anzusehen, welche in ihrer nördlichen Fortsetzung in das mächtige Gangsystem übergehen.

Die Längenausdehnung des Erzvorkommens im Grubenfelde Lüderich beträgt etwa 3300 m und die ganze Länge, wenn man das Erzvorkommen der gleich zu besprechenden Grube Bergsegen als südliche Fortsetzung hinzurechnet, etwa 4100 m.

Auf dem Bergrücken zwischen dem Rothen- und Brungsbache liegt eine Anzahl alter Pingen, welche den Zusammenhang der Gänge des Franziskastollens mit denen der Grube Bergsegen andeuten. In dem nördlichen, an die Grube Lüderich anstossenden Feldestheile dieser Grube sind zunächst mehrere in Stunde $1^1/_2$ bis $2^1/_2$ streichende, östlich einfallende Gänge bekannt, welche in einer 80 m mächtigen Zone liegen. Der mittlere hält über der Stollensohle gegen Norden bis an die Feldesgrenze ziemlich regelmässig bei einer bis zu 1,5 m gehenden Mächtigkeit aus und ebenso in der ersten Tiefbausohle. Die anderen Gänge oder Gangtrümmer sind unregelmässiger. Unter dem Thale des Brungsbaches sind verschiedene, im Streichen und Einfallen unregelmässig aushaltende kurze Gangtrümmer mit geringer Erzführung aufgeschlossen worden. Weiter gegen Süden ist ein in Stunde 1 streichendes Erzvorkommen

460 m überfahren worden. Im oberen Stollen war letzteres auf eine Länge von etwa 220 m bauwürdig; es zeichneten sich drei Partieen von 80 m Länge und 10 m erreichende Mächtigkeit durch derbe Blendetrümmer aus. In der ersten, aus dem am linken Gehänge des Thales gelegenen Schachte in 37 m Tiefe aufgefahrenen Tiefbausohle war die Erzführung schon ungünstiger, denn es traten längere taube Mittel auf; in der 66 m Sohle wurden nur noch kurze bauwürdige Mittel erschlossen. Die weitere Ausrichtung des südlichen Feldestheiles dürfte immerhin noch Aussicht auf Erfolg haben.

Mehrere in dem westlichen Abhange des Bergrückens zwischen der Sülze uud der Agger aufsetzende Erzvorkommen sind noch anzuführen.

Im Liegenden des grossen Lüdericher Vorkommens sind am Westabhange des gleichnamigen Bergrückens die Gänge der Gruben Leibnitz und Dante bekannt. Dieselben streichen in Stunde 12 bis 1 bei westlichem Einfallen. Bei einer Mächtigkeit bis zu 1 m führten sie in einer oberen Stollensohle einige bauwürdige Mittel mit meistens gesäuerten Kupfererzen. In einem tiefen Stollen sind die Gänge mit geringer Erzführung angetroffen.

Im Hangenden sind die Erzvorkommen in den Feldern Lüderich I, Lüderich II, Lüderich III, Lüderich IV, Lüderich VII, Maria Theresia durch Schürfarbeiten, und die Gänge der Gruben Wallenstein, Gustav Bischof und Anacker durch Grubenbetriebe bekannt geworden. Im Felde Wallenstein ist ein in Stunde 11 bis 12 streichender, westlich einfallender, 1 bis 1,3 m mächtiger Gang auf eine Länge von 80 m aufgeschlossen und theilweise abgebaut worden. Gegen Norden und Süden soll sich der Gang zertrümmert haben. Im Felde Gustav Bischof ist während einiger Jahre Betrieb geführt worden. Der in Stunde 10 bis 11 streichende und westlich einfallende Hauptgang wurde mit einem 365 m langen Stollen aufgeschlossen. Bei einer Mächtigkeit von 2 m kamen recht edle Erzmittel vor. Gegen Süden verdrückte sich der Gang bei einer Länge von 70 m, nördlich soll er durch eine Kluft abgeschnitten sein. Ein zweiter, Napier benannter Gang, dessen Streichen in Stunde 5 bei südlichem Einfallen angegeben wird, ist nicht näher bekannt geworden. Im Felde Anacker ist bei 119 m Stollenlänge, nachdem zwei als Emma- und Oscar-Gang bezeichnete Gänge, deren Streichen in Stunde $10^1/_2$ mit südöstlichem Einfallen, bezw. in Stunde 6 mit südlichem Einfallen ist, durchbrochen waren, der Hoffnungsstern-Gang angefahren und bei einem Streichen in Stunde 11 mit östlichem Einfallen 60 m gegen Süden überfahren worden. Dieser Gang, der bis zu 2 m mächtig war und nur theilweise bauwürdige Erzführung hatte, verdrückte sich gegen Süden.

Südlich von der Grube Bergsegen folgen dann die Gänge der Gruben Hermannsfreude, Rudolfus und Hannibal.

Der Hermannsfreuder Gang streicht in Stunde 12 bis 2 mit östlichem Einfallen. Ueber der Sohle des tiefen, 300 m langen Stollens wurden 2 Erzmittel von zusammen 30 m Länge und etwa 1 m Mächtigkeit abgebaut; im Uebrigen war der Gang taub. Im Hangenden dieses Ganges setzt der Gang Rudolfus auf, in Stunde 1 bis 2 streichend, aber westlich einfallend; bei geringer Mächtigkeit hatte er einige kurze bauwürdige Mittel, auf denen neben Bleierzen vorwiegend Kupfererze vorkamen. Der Gang der Grube Hannibal setzt im Liegenden des vorigen, westlich einfallend und in Stunde 1 bis 2 streichend auf. Bei geringer Mächtigkeit brachen Kupferkiese mit Spatheisenstein.

Weiter südlich sind noch die Gänge der Gruben Buttmann, Amaranth, Feigenberg, Loreley, Robinson und Goethe durch Schürfarbeiten nachgewiesen worden. Die drei zuletzt genannten Gänge führten Kupfererze eingesprengt und in Trümmern.

In dem östlichen Abhange des Bergrückens zwischen der Sülze und der Agger sind südlich der Strasse von Altenbrück nach Overath mehrere Gänge bekannt geworden. Die durch alte Pingen bezeichneten Gänge der Grube Volta sind nur wenig aufgeschlossen worden. In dem anstossenden Grubenfelde Aurora sind mit dem in den Jahren 1825 bis 1832 aufgefahrenen Stollen bei 490 m Stollenlänge der in Stunde 4 streichende und gegen N. W. einfallende Gang Sct. Georg, bei 600 m Länge der Gang Begegnung mit einem Streichen in Stunde 5 bis 6 und nördlichem Einfallen und bei 640 m Länge der Gang Aurora mit einem Streichen in Stunde $3^1/_8$ und nordwestlichem Einfallen aufgeschlossen worden. Die Gänge waren 1 bis 2 m mächtig und führten Blei- und Kupfererze, auch Zinkblende in zum Theil bauwürdigen Mitteln. Bei der Wiederaufnahme des Betriebes wurden in den Jahren 1855 bis 1858 einzelne kleine noch anstehende Erzmittel abgebaut; die beabsichtigte Tiefbauanlage kam nicht zur Ausführung. Im südlichen Feldestheile ist noch der Gang Linné bekannt geworden, der in Stunde 12 bis 1 streicht und westlich einfällt.

Endlich sind hier noch die nur durch Schürfarbeiten nachgewiesenen Gänge der Gruben Nestor, Peter, Germania, Franziska, sowie die vorherrschend Kupfererze führenden Gänge Borussia, Köln, Tubalcain, Fündling und Aggerburg zu nennen.

Verfolgen wir den Bergrücken zwischen Sülze und Agger von der Strasse von Altenbrück nach Overath aus gegen Norden, so sind an der Westseite desselben zunächst in den zu der Grube Lüderich gehörigen Einzelfeldern Ludgerus, Lüderich V, Lüderich VI, Löffelsende und Sülz mehrere Erzvorkommen durch Schürfarbeiten bekannt geworden. In dem Felde Immekeppel ist ein in Stunde 8 bis 9 streichender, nordöstlich einfallender Gang bekannt, der in einem oberen Stollen einige kurze Erzmittel führte. In einem von dem Sülzethal her aufgefahrenen Stollen sind bei 400 m Länge noch keine Aufschlüsse erzielt worden. Der Gang scheint mit dem Gange Arago in dem östlich liegenden Felde dieses Namens identisch zu sein. Im weiteren Verlauf des Bergrückens gegen Norden sind am Abhange nach dem Lenneferbache noch die Erzvorkommen in den Feldern Rupertus und Erasmus nur durch Schürfarbeiten bekannt geworden.

Auf dem östlichen Abhange des Bergrückens setzen gleich nördlich der bezeichneten Strasse die wenig mächtigen Gänge Rose (Str. in Stunde 4 bis 5, S. O. Einfallen), Plattner (Str. in Stunde 3 bis 4, N. W. Einfallen), Heiligenthal (Str. in Stunde 9, N. O. Einfallen) und Fresenius auf, von denen die beiden ersteren Kupfererze führten. Weiter nördlich sind noch die Erzvorkommen in den Feldern Rübezahl, Petersberg, Gotthardt und Rosalinde anzuführen.

Es folgt nun die Grube Uhland, wo ein im westlichen Felde von den Alten abgebauter Gang in der Stollensohle und in einer 25 m tieferen Tiefbausohle 300 m überfahren worden ist. Das Streichen desselben geht in Stunde 6 bis 7 mit südlichem Einfallen von 45 bis 55° und weicht nur wenig von dem der Gebirgsschichten ab. Im westlichen Felde führte der Gang auf eine Länge von 20 bis 25 m einige schmale Trümmer von silberreichen Bleierzen. Im östlichen Felde wurde ein 70 bis 80 m langes Erzmittel abgebaut. Die Mächtigkeit des Vorkommens betrug bis zu 4 m, die Erzführung bestand vorwiegend aus Zinkblende, die meistens in Trümmern vorkam, welche die Grauwackenschichten durchsetzten. Ueber der Stollensohle verlor sich die Erzführung in geringer Höhe, nach der Tiefe verunedelte sie sich. Gegen Osten und Westen ist der Gang taub. Ein mit einem Querschlage in's Liegende bei zu 75 m Länge aufgeschlossener zweiter Gang, dessen Streichen in Stunde 8 bis 9 geht, hat nur zerstreute Erzführung. Nach dem Abbau der erwähnten Mittel ist der Betrieb bis auf einige Versuchsarbeiten eingestellt worden.

Ein im Felde des Bergwerks Guter Heinrich aufgeschlossener Gang ist nicht näher bekannt geworden.

Der Bergrücken zieht in mehr östlicher Richtung fort und es setzen hier die wichtigen Gänge der Grube Castor auf. Daselbst wurde der Betrieb im Jahre 1853 mit Erlängung eines von den Alten begonnenen oberen Stollens aufgenommen. Ein 40 m Teufe einbringender tiefer Stollen wurde im Jahre 1857 angesetzt. Aus einem Maschinenschachte ist in 40 m unter dem tiefen Stollen die Ausrichtung der Gänge in Angriff genommen und zur Fassung einer zweiten Bausohle der Schacht bereits 40 m weiter abgeteuft worden.

Der Castorgang, dessen Ausgehendes durch einen 600 m langen Pingenzug bezeichnet ist, wurde im Oberstollen mit einem Streichen in Stunde 6 bis 7 bei nördlichem Einfallen von 60 bis 75° in geringer Mächtigkeit, die sich gegen Westen ganz verdrückte, angefahren; die Saalbänder waren scharf ausgeprägt. Gegen Osten nahm die Mächtigkeit bis zu 15 m zu, und es hatte der Gang auf etwa 150 m Länge ziemlich reiche Erzführung, namentlich am Hangenden derbe Blendetrümmer mit Spatheisensteinschnüren. Bei dem Abbau des Mittels schlug man 15 m über der Sohle überall in alte Baue, welche auf zahlreichen derben Trümmern von Spatheisenstein, der in oberer Teufe vorherrscht, geführt worden sind. In der weiteren östlichen Erstreckung erweitert sich die Gangmächtigkeit ganz bedeutend, bis zu 40 m, das Streichen geht in Stunde 8 bis 9 mit bogenförmiger Wendung über. Die Gangmasse besteht vorherrschend aus regelmässig gelagerten Grauwackenschichten, welche von erzführenden Trümmern in wechselnder Häufigkeit durchzogen werden. Derbe Spatheisensteintrümmer setzen häufig auf, welche bei günstiger Eisenconjunktur abbauwürdig sind; zwei Mittel, welche dabei Bleierze und Blende führten, wurden auf 65 m und 30 m Länge abgebaut. In der Oberstollensohle ist der Gang 530 m überfahren worden. Der tiefe Stollen traf den Gang bei 550 m Länge. Das bauwürdige Mittel an der westlichen Spitze war nur 100 m lang und wurde bis zu verschiedener Höhe über dem Stollen abgebaut. Weiter gegen Osten wird die Erzführung unregelmässig und zerstreut; zahlreiche Erztrümmer durchziehen die Gangmasse, bauwürdige Mittel sind indess nicht aufgeschlossen worden. Der Gang ist in einer Länge von 310 m überfahren; die östliche Fortsetzung ist noch nicht untersucht. In der Tiefbausohle ist das westliche Mittel bereits in einer weit grösseren Länge gegen Osten bauwürdig aufgeschlossen. Die Erzführung, vorherrschend Blende, liegt in einer Mächtigkeit bis zu 3 m nahe am Hangenden.

Der im Hangenden des Castorganges aufsetzende Maxgang ist am Ausgehenden durch einen nur 130 m langen Zug kleiner Pingen bezeichnet. Die Erwartungen, die man nach denselben hegen durfte, sind in hohem Maasse durch die im Jahre 1866 erfolgte Aufschliessung des Ganges übertroffen worden. Der Gang liegt 40 bis 50 m im Hangenden des Castorganges. Im Oberstollen ist er mit bauwürdiger Erzführung auf eine Länge von 220 m überfahren, das Streichen ging in Stunde 8 bis 9 bei nordöstlichem Einfallen von 65 bis 75°. An dem meistens scharf ausgeprägten hangenden Saalbande stiessen die in Stunde 5 bis 7 streichenden und flach bis zu 25° einfallenden Schichten des Nebengesteins ab. Das liegende Saalband war in Folge der Zersetzung des Nebengesteins nicht immer zu erkennen. Die Mächtigkeit ging bis zu 10 m, derbe Bleierztrümmer bis zu 1 m Mächtigkeit traten in der viel Spatheisenstein führenden Gangmasse auf. Der Gang ist über der Oberstollensohle bereits gänzlich abgebaut. In der tiefen Stollensohle hat sich die bauwürdige Länge durch westliches Einschieben bis zu 240 m vergrössert; die Mächtigkeit betrug 5 bis 16 m, stellenweise 18 m; die Erzführung war sehr reich, derbe, bis zu 2 m mächtige Bleierztrümmer durchzogen die Gangmasse. Im östlichen Theile legten sich mehr Blendepartieen an. Der Abbau ist auch über der tiefen Stollensohle bis auf einige Pfeilerreste vollendet. Gegen Westen verdrückt sich der Gang und scheint sich mit bogenförmiger Wendung an den Castorgang anzulegen. Gegen Osten ist er in einem Versuchsstollen im Lüdenbachthale mit geringer Erzführung aufgeschlossen. In der Tiefbausohle ist der Gang in seinem westlichen Theile überfahren, die Mächtigkeit geht bis zu 10 m, derbe Spatheisensteintrümmer sind vorherrschend; die reiche Erzführung der oberen Sohlen ist noch nicht angefahren.

Dritter Terrainabschnitt, von der Agger bis zu dem Brölbache.

Aus diesem südöstlichen Theile des Reviers sind zunächst zwischen der Agger und dem Naafbache die Gänge der Grube Grubenkittel anzuführen. Der Gang Arschleder ist in einem Stollen mit einem Streichen in Stunde 11 bis 12 und westlichem Einfallen 255 m lang überfahren. Die Mächtigkeit betrug bis 1 m; in der Gangmasse kamen in kleinen Partieen' und Schnürchen Kupferkies mit etwas Bleiglanz und Blende vor, stellenweise in bauwürdigen Mitteln. In einer 37 m tieferen Sohle wurde der Gang 207 m überfahren. Der Grubenkittel-Gang, in Stunde 10 streichend und gegen Südwesten einfallend, ist mit einem an der Agger angesetzten Stollen 360 m überfahren, davon 250 m mit geringer Erzführung, welche bei einer Gangmächtigkeit bis zu 1 m aus schmalen, zuweilen derben Kupferkiesschnürchen mit wenig Bleierzen bestand. In einer 40 m tieferen Sohle aus einem im Hangenden abgeteuften Maschinenschachte wurde ein bis dahin nicht bekannter, in Stunde 12 streichender, westlich einfallender Gang aufgeschlossen, der bei einer Mächtigkeit von 2 m derbe Kupferkiestrümmer führte. Vor der weiteren Untersuchung dieses Ganges sowie der Ausrichtung des Hasenberger Ganges erfolgte die Betriebseinstellung.

Das Verhalten der durch Schürfarbeiten und geringen Betrieb bekannten Gänge Gottessegen, Cinna, Theophilus (Streichen in Stunde 10, Einfallen N. O.), Max, Oerstedt (Streichen in Stunde 11 bis 12, Einfallen W.) und Eiselhardt, welche Kupfererze und die drei erstgenannten auch Bleierze führten, ist nicht weiter aufgeschlossen.

Der Gang Hortensia ist über der Stollensohle und zwei Tiefbausohlen in 25 und 50 m Tiefe in einer Länge von 170 m aufgeschlossen worden. Das Streichen ist in Stunde 2 bis 4 bei östlichem, in grösserer Tiefe westlichem Einfallen. Abbau ist über der Stollen- und der 25 m Sohle in einer Länge von 60 m geführt. Gegen Norden war ein bis 5 m mächtiges Mittel mit reicher Erzführung; auch gegen Süden fand eine sackartige Erweiterung des übrigens meistens wenig und nur streckenweise bis zu 2 m mächtigen Ganges statt. Als nördliche Fortsetzung des Ganges Hortensia wird der in Stunde $2^1/_2$ streichende und westlich einfallende Gang Pilot angesehen. Beide Gänge werden durchsetzt von dem Gange Schlofkoepp, der in Stunde 1 bis 2 streicht und östlich einfällt. Derselbe ist in einer Länge von 160 m in der Stollensohle, sowie in der 26 m und 46 m Sohle überfahren, wobei sich nur einzelne bauwürdige Mittel anlegten.

Oestlich derselben setzt der Gang Langschläfer mit einem Streichen in Stunde 1 und westlichem Einfallen und weiter gegen Osten der Gang Schubert auf. Das Streichen des letzteren geht in Stunde 3 bei westlichem Fallen. In der Stollensohle ist er auf eine Länge von 270 m überfahren, wobei die

Mächtigkeit bis zu 1,3 m betrug. Auf den überwiegend Kupferkies führenden Mitteln wurde 170 m lang Abbau geführt. Zahlreiche in das Hangende setzende Trümmer, die theilweise recht edel waren, weisen hier auf eine mächtige Gangbildung hin. Die Ausrichtung einer tieferen 32 m Sohle wurde durch die Betriebseinstellung unterbrochen.

Oestlich des Naafbaches sind die Gänge der Gruben Walpot, Alexander, Nöggerath, Moritz und Plinius durch Bergbau bekannt geworden.

Der Gang Walpot streicht in Stunde $10^1/_8$ mit südwestlichem Einfallen. Er ist aus einem Stollen 70 m überfahren, wobei einige bauwürdige Kupfererzmittel auftraten. Gegen Südosten zersplittert sich der Gang, mit dem sich der aus demselben Stollen gelöste, in Stunde $8^1/_2$ streichende und südlich einfallende Gang Alexander zu schaaren scheint.

Auf der Grube Nöggerath ist ein in Stunde 1 bis 2 streichender, westlich einfallender Gang in der Stollensohle und 30 m tiefer 100 m überfahren worden. Abbau ist in einer Länge von 80 m geführt; die Mittel führten bei einer Mächtigkeit von 0,8 m theilweise derbe Erze. In einer 20 m tieferen Sohle war der Gang verdrückt und grösstentheils taub.

Der Gang der Grube Moritz ist in einem Stollen und mehreren Gesenksohlen bis zu 16 m Tiefe auf eine Länge von 60 m bei einer Mächtigkeit bis zu 1,5 m mit theilweise recht edler Erzführung abgebaut worden. Das Streichen ist Stunde 3 bis 4, das Einfallen steil gegen Nordwesten. Gegen Südwesten und Nordosten soll der Gang sich verdrücken.

Der Gang Plinius, dessen Streichen in Stunde 10 bei südwestlichem Einfallen, ist 25 m überfahren. Die Erzführung bestand in einzelnen Schnürchen Bleierz in der nicht unbedeutend mächtigen Gangmasse. Der Gang Franz bildet wahrscheinlich die südliche Fortsetzung.

Noch zu erwähnen sind hier die nicht weiter bekannten Gänge der Gruben Juliette, Mailust, Skalitz, Court, Emil mit Kupfererzen, Saturn, Wolter Plettenberg, Titian, Metz, Sedan, Wilhelmine I, General Blumenthal, Körner, Quitte, Niessen, Johannes I, Peter Squens und Hans Sachs mit gewöhnlicher Erzführung, sowie der Schwefelkiesgang Lenchen.

Zweite Gruppe.

Wesentlich verschieden von den Gängen der ersten Gruppe sind einige an dem nördlichen Ufer der Sieg an beiden Seiten des Wahnbaches aufsetzende Gänge. Dieselben führen als Gangart ganz vorherrschend Quarz, der häufig in deutlichen, den Saalbändern parallelen Lagen die Gangräume ausfüllt und mehr oder weniger häufig Bruchstücke des Nebengesteins einschliesst. Der Quarz ist theils compakt und fest und bricht dann in grösseren Stücken, theils und wohl überwiegend mürbe, bröcklich, leicht in kleine scharfkantige Bruchstücke zerfallend. Die Bleierze bestehen ausschliesslich in grossflächigen Glasurerzen, die Zinkblende ist von licht-grünlich gelber und hellbrauner Farbe, grosskörnig und meistentheils mürbe. Kupfererze finden sich sporadisch. Die Erze sind in der Gangmasse sehr unregelmässig, nesterweise, verbreitet, meistens in kleinen Partieen zerstreut, selten in Trümmern von einiger Ausdehnung; massige Anhäufungen derber Erze fehlen ganz. Die Gänge streichen ziemlich parallel dem Laufe der Sieg und durchsetzen die unteren Abhänge der Bergrücken rechtwinklich gegen deren Richtung. Das Gangverhalten ist in dem Felde der Grube Ziethen aufgeschlossen.

Alte Betriebe wurden im 12. Jahrhundert von der Abtei Siegburg geführt. Der neuere Betrieb ist im Jahre 1853 aufgenommen und nördlich des Dorfes Weingartsgasse über mehreren Stollen und in drei Sohlen unter dem tiefsten Stollen bis zu 70 m Tiefe aus einem Maschinenschachte geführt worden. Es sind hier zwei in Stunde 9 bis 10 streichende, südwestlich einfallende Gänge (Nr. I und III), deren Zwischenmittel in der Stollensohle etwa 50 m beträgt, sich nach der Tiefe in Folge des flacheren Einfallens des liegenden Ganges (Nr. III) aber verringert, sowie ein die beiden Gänge verbindendes, in Stunde 11 bis 12 streichendes und westlich einfallendes Quertrumm (Nr. II) bekannt. In der 25 m Sohle ist der hangende Gang (Nr. I) auf eine Länge von 260 m bekannt; die Mächtigkeit betrug bis zu 15 m. Nordwestlich der Schaarung mit dem Quertrumme fanden sich in einer Länge von 180 m mehrere, im Streichen und Einfallen sich unregelmässig verhaltende bauwürdige Mittel mit theilweise recht edler Erzführung, theils am Liegenden, theils am Hangenden oder in der Gangmasse, bis zu 1 m mächtig. Weiter nordwestlich und südöstlich von dem Schaarungspunkte war der Gang taub. In dem liegenden Gange (Nr. III), der bis zu 8 m mächtig war, kamen südöstlich des Schaarungspunktes in einer Länge von 100 m mehrere Erzmittel vor. Das etwa 95 m lange Quertrumm war 45 m lang bauwürdig. Die Erzmittel setzten nicht regelmässig bis zur 45 m Sohle nieder, die Erzführung trat hier noch unregelmässiger und zerstreuter auf, und in der tiefsten (70 m) Sohle waren die Aufschlüsse so ungünstig, dass der Betrieb Ende 1878 zum Erliegen kam.

Gegen Nordwesten setzen die Gänge durch das Wahnbachthal durch. Versuchsarbeiten führten hier zur Auffindung einer zwischen den Ausgehenden beider Gänge sich ausbreitenden und von Flussgerölle überdeckten, einige Centimeter bis zu 0,5 m starken Lage wenig abgerundeter, derber Bleierzstücke von Nuss- bis Faustgrösse, als Reste der bei der Bildung des Wahnbachthales zerstörten Gänge. Bei dem Abbaue dieser Ablagerung in einem Flächenraum von 2500 qm sind nicht unbedeutende Quantitäten Erze gewonnen worden.

Nördlich des Wahnbachthales sind die Gänge noch in den Feldern Sct. Merten und Ritter bekannt.

Gegen Süden setzen die Gänge bis nahe an das Brölthal fort. In dem Grubenfelde Ziethen sind mit einem Stollen 300 m südöstlich des Schachtes ein tauber Gang (vielleicht Nr. III) und weiter gegen Süden in den Einzelfeldern Ziethen III, Saturn und Daun mehrere in Stunde 9 bis 10 streichende Gänge mit geringer Erzführung, ebenso in den Feldern Fagerlin und Fürst Hatzfeld aufgeschlossen worden.

b. Erzvorkommen nördlich der Kalksteinmulde.

In dem östlichsten Reviertheile ist von einiger Bedeutung das Kupfererzvorkommen der Grube Danielszug bei Kreuzberg. Von dem Hohlbache aus erstrecken sich in westlicher Richtung mehrere, von einem sehr alten Bergbaue herrührende Pingenzüge; zunächst derjenige des sog. Danielszuges in einer Länge von 170 m, dann nach einer Unterbrechung von 130 m etwas südlicher der des sog. Ackerzuges in einer Länge von 330 m und nach einer Unterbrechung von 360 m wieder weiter nach Norden der des sog. Silberzuges in einer Länge von 310 m. Die Pingen des Danielszuges setzen noch gegen Osten über den Bach fort. Etwa 140 m nördlich desselben liegt noch das als Wilhelminenzug bezeichnete Erzvorkommen.

Ueber den ältesten Betrieb fehlen Nachrichten gänzlich. In den Jahren 1780 bis 1823 ist derselbe mit ziemlich günstigen Resultaten geführt worden, dann aber in Folge des Sinkens der Metallpreise zum Erliegen gekommen. Die Erze wurden auf einer etwas unterhalb im Thale liegenden Hütte verschmolzen; das Gaarkupfer soll eine vorzügliche Qualität gehabt haben. Mit vielfachen Unterbrechungen und bei häufigem Besitzwechsel fand später bis zum Jahre 1865 auf dem sog. Danielszuge Betrieb statt. Der Stollen aus dem Hohlbachthale wurde aufgewältigt, ein mit einer Wasserkunst versehener Schacht bis zu 60 m unter die Stollensohle abgeteuft und aus demselben auf dem Gange 300 m gegen Westen aufgefahren. Der Gang setzt mit einem Streichen in Stunde 7 bis 8 und steilem, etwas südlichem Einfallen in einer Mächtigkeit bis zu 3 m im Feldspathporphyr auf. Die Gangausfüllung bestand aus Quarz mit Schiefer, Grauwacken- und Porphyrbruchstücken und wenig Braunspath. Die wesentlich aus Kupferkies, hier und da auch aus Rothkupfererz und Kupferglaserz, Bleiglanz und Schwefelkies bestehende Erzführung trat in zwei Trümmern am Hangenden und Liegenden, deren Mächtigkeit in den oberen Sohlen 0,6 bis 0,9 m betragen haben soll, auf. Bei den alten Betrieben soll häufiger auch gediegen Kupfer vorgekommen sein. Die Erzmittel waren bis zur Sohle grösstentheils verhauen, so dass nur eine geringe Produktion stattfinden konnte. Bei Erlängung des Feldortes gegen Westen wurde der sog. Ackerzug ausgerichtet und in seinem östlichen Theile 60 m überfahren. Der Gang liegt hier theils im Schiefer, theils auf der Scheide von Schiefer und Porphyr, er streicht bei nördlichem Einfallen in Stunde 8 bis 9. In der Gangmächtigkeit von 0,3 bis 0,9 m fanden sich mehrere, bis zu 0,6 m mächtige derbe Kupfererzmittel. Der weiter westlich vorliegende Theil des Ackerzuges, der den Pingen nach grössere Mächtigkeit haben muss, ist nicht aufgeschlossen worden, da die Gewerkschaft sich zur Ausführung der nothwendigen grösseren Anlagen nicht entschliessen konnte. Ueber das Verhalten des Silberzuges, der viel silberreichen Bleiglanz geführt haben soll, ist nichts bekannt. Der Wilhelminenzug soll ein 40 m langes, sehr edles Erzmittel gehabt haben. Das ausgedehnte Erzvorkommen dürfte einer weiteren Untersuchung mit ausreichenden Maschinenkräften werth sein.

In dem Felde der jetzigen Grube Julie bei Höhscheid, südwestlich von Solingen, ist gegen Ende des vorigen Jahrhunderts über einem von dem Belligهauser Bache herangeholten Stollen auf einem Gange, der in Stunde 8 bis 9 streichen soll, Betrieb geführt worden. Die Grube, Kleeblatt genannt, hat zeitweise eine nicht unbedeutende Bleierzproduktion gehabt; so betrug z. B. im Jahre 1778 der Naturalzehnte 179 Ctr., in den folgenden Jahren bis 1788 allerdings bedeutend weniger. Die Erze sind auf einer unterhalb im Thale liegenden Hütte verschmolzen worden. Genauere Nachrichten über das Gangverhalten und den Betrieb, sowie die Veranlassung zu dessen Einstellung sind nicht vorhanden. Im Jahre 1842 wurde der Betrieb zwar wieder aufgenommen, bis zum Jahre 1846 aber nur der Stollen auf eine Länge von 340 m aufgewältigt, wobei man alte Abbaue antraf. Später wurde der Stollen nochmals 100 m aufgewältigt, womit einige erzführende Schnüre angetroffen wurden. In der neuesten Zeit ist ein Schacht bis zur Stollensohle abgeteuft worden, aus welchem das Erzvorkommen untersucht werden soll.

Auf der rechten Seite der Düssel nördlich von Erkrath liegt das Feld der Grube Wilhelm. Nach den Mittheilungen des Kurpfälzischen Bergraths Dörring [1]) und einem noch erhaltenen Grubenbilde hat der Gang, der im Jahre 1752 unter dem Namen Bescheertes Glück verliehen wurde, ein Streichen in Stunde $1\frac{1}{2}$ mit östlichem Einfallen. Die Mächtigkeit wird zu 1 bis 1,3 m angegeben; im Letten fanden sich nesterweise Glasurerze. Der Betrieb wurde aus mehreren Schächten und Stollen, von denen der tiefste über 1200 m lang ist, geführt und der Gang gegen 200 m überfahren. Im Jahre 1844 wurde der Betrieb wieder aufgenommen; aus einem 30 m tiefen Schachte wurde der Gang ausgerichtet und bei wechselnder, nur stellenweise bauwürdiger Erzführung 50 m überfahren. Der unzureichenden Maschinenkräfte wegen kam indess der Betrieb bald wieder zum Erliegen. In der neuesten Zeit hat man den tiefen Stollen theilweise aufgewältigt.

Im Felde der Grube Carolinagrube bei Wiebach hat ein in Stunde 6 streichender Gang mit geringer Kupfererzführung zu verschiedenen Zeiten erfolglose Versuchsarbeiten veranlasst.

Auf Kupfererze sind ferner noch verliehen die Gruben Amor bei Odenthal, Leopold bei Hästen, Conrad und Quaste bei Hückeswagen, Soest bei

1) Bemerkungen der Kurpfälzischen physikalisch-ökonomischen Gesellschaft. 1775.

Erlen, ferner auf Blei- und zum Theil auch auf Kupfererze die Gruben Alsen bei Altenberg, Julius bei Helenenthal, Clara bei Limmeringhausen, Primus und Kranz bei Dhünn, Fingal bei Dorp, Josephus bei Fürkelt, Union bei Erkrath, in welchem letztgenannten Felde auch Zinkerze vorkommen.

2. Erzvorkommen im Elberfelder Kalkstein.

Grube Hannchen bei Lustheide.

Bei dem Abbau der schon erwähnten Eisenerzvorkommen im Felde Catharina, nahe der südlichen Grenze des Kalksteins, welche theils in Ausfüllungen unregelmässiger Vertiefungen des Kalksteins bestehen, theils auch nesterartig in den dolomitisirten Schichten desselben verbreitet sind, fand man, durch den bei der Verhüttung nachgewiesenen Bleigehalt der Erze aufmerksam gemacht, Weissbleierze. Dieselben kamen theils in einzelnen Krystallen, auf Drusen des Eisensteins, zuweilen in nesterartigen Anhäufungen, theils in feiner Vertheilung im Letten vor. Der Eisenstein und der Kalkstein waren durchzogen von einzelnen Bleiglanztrümmern.

Bei der weiteren Ausdehnung des Tagebaues wurden namentlich im westlichen Theile desselben zahlreiche erzhaltige Partieen verschiedener Ausdehnung mit zum Theil reicher Erzführung aufgefunden, und es wurde eine nicht unerhebliche Bleierzproduktion erzielt. Der Tagebau, der sich in einer Länge von 150 m im Streichen der Schichten erstreckt, hat eine Tiefe von 12 m erreicht. Die anstehenden, mehr oder weniger zersetzten Schichten zeigten in verschiedener Häufigkeit eingesprengte Bleierze mit Schwefelkies, und die englische Gesellschaft, welche die Grube erworben hatte, ging dazu über, das Vorkommen durch einen westlich des Tagebaues abgeteuften Schacht aufzuschliessen. In der 23 m Sohle des bis dahin saigeren Schachtes wurden gegen Osten und Westen mehrere Strecken getrieben. Es fanden sich hierbei mehrfach zerstreut liegende Nester von meistens sparsam im Kalkstein eingesprengten Bleierzen mit vielem Schwefelkies, auch einzelne Bleierztrümmchen. In dem westlichen Orte legte sich die Erzführung auf kurze Länge ganz in eine Kalksteinschicht von 1 m Mächtigkeit. In dieser Sohle trat auch dichte bis feinkörnige Zinkblende von hellbrauner Farbe, der Schaalenblende ähnlich, auf. Dieselbe bildete theils dünne Trümmchen, theils war sie innig mit Bleierz und Schwefelkies in feiner Vertheilung im Kalkstein verwachsen. Das Erz stellte ein Gemenge mit einem Gehalte von 40 % Blei und 19 % Zink dar.

Zur weiteren Untersuchung wurde der Schacht noch 10 m tonnlägig abgeteuft und hier und in einzelnen Querschlägen dieselbe Erzführung angetroffen. Die sehr bedeutenden Wasserzuflüsse, welche den Betrieb erschwerten und zudem die Abtrocknung eines grossen Umkreises veranlassten, sowie die Unbauwürdigkeit des zwar in einer ziemlich mächtigen Schichtenzone verbreiteten, aber armen Erzvorkommens führten die Betriebseinstellung im Jahre 1878 herbei.

Bei der Aufarbeitung der von dem früheren Tagebau herrührenden alten Halden wurden später ausser Eisenstein auch ziemlich bedeutende Quantitäten Galmei, der bei den früheren Betrieben nicht erkannt worden, gewonnen. Der Tagebaubetrieb wurde wieder aufgenommen und hat zu unerwartet günstigen Aufschlüssen von Galmei geführt. Derselbe kommt theils unregelmässig zerstreut in kleinen Partieen in den dolomitisirten Kalksteinschichten vor, theils in mächtigen, compakten Massen unter vollständiger Verdrängung des Dolomits, häufig in Verbindung mit aus Schwefelkies entstandenen Brauneisenerzen, wo er dann eisenschüssig ist. Klüfte und Spalten, die den Kalkstein durchsetzen, sind vielfach mit Galmei angefüllt, der reiner und hochhaltiger ist. Die erzführende Schichtenzone erreicht eine grosse und noch nicht ganz aufgeschlossene Mächtigkeit von 10 bis 12 m; mehr im Hangenden derselben finden sich häufiger Bleierze, immer mit Schwefelkies durchwachsen. Die weitere Verbreitung des Erzvorkommens im Streichen der Schichten ist wohl nicht zweifelhaft, die Aufschlüsse sind noch gering. Die Ausdehnung der Versuchsarbeiten ist um so mehr nöthig, als das Erzvorkommen nur so tief bauwürdig zu sein scheint, wie die Dolomitisirung des Kalksteins und die Oxydation der Erze reicht.

Gruben bei Bergisch-Gladbach.

Im Jahre 1848 wurde an einem Kalksteinfelsen im Strunderthale in der Nähe von Bergisch-Gladbach Galmei aufgefunden, wodurch ausgedehnte Versuchsarbeiten veranlasst wurden, welche die Verleihung einer Anzahl von Grubenfeldern und die Anlage einer jetzt im Besitze der Aktiengesellschaft Berzelius befindlichen Zinkhütte zur Folge hatten. Die Grubenfelder erstrecken sich ziemlich in der Mitte der Kalksteinmulde von Hand bis Strunden in einer Länge von etwa 8000 m und einer Breite von 800 bis 1000 m. In den Feldern Bergmännische Freiheit, Maria Meerstern, Humboldt, Margaretha Josepha, Neue Hoffnung, Carolinenzeche und Wilhelminenzeche wurde Betrieb geführt, doch kam derselbe nach kurzer Dauer wieder zum Erliegen, so dass der Galmeibergbau schon mit Ende des Jahres 1855 gänzlich aufhörte.

Auf einigen Gruben fand sich der Galmei in oberflächigen Vertiefungen des Kalksteins, die indess nicht von der muldenartigen Schichtenlagerung herrührten, und lagerartig auf der Grenze des auf 10 bis 20 m Tiefe in Dolomit umgewandelten Kalksteins und der die Vertiefungen bis zu 25 m Tiefe anfüllenden Braunkohlenthone. Auf Maria Meerstern war das lagerartige Vorkommen 80 m lang bei einer Mächtigkeit von 0,3 m; dasselbe setzte noch in den Dolomit fort, ein kesselartiges Stockwerk von 2 m Mächtigkeit bildend. Auf Humboldt fanden sich neben dem lagerartigen Vorkommen mehrere mit Galmei ausgefüllte, trichterförmige Vertiefungen im Dolomit von geringer Ausdehnung. Auf Margaretha Josepha wurden vier unregelmässige Nester in trichterförmigen Vertiefungen des Dolomits und auf Neue Hoffnung eine kesselförmige Aushöhlung bis 10 m unter der Oberfläche abgebaut; der Galmei war 0,3 bis 2 m mächtig. Aehnlich war das Verhalten in den Grubenfeldern Carolinenzeche und Wilhelminenzeche.

Der braune und schwarze Braunkohlenthon, der die Vertiefungen des Kalksteins erfüllte, enthielt meistens Knollen von Wasserkies und Eisenocker, sowie Schnüre und Bruchstücke von Galmei. Im Felde Humboldt fanden sich im Thon zwei Lagen von 0,3 bis 1 m Mächtigkeit mit Bruchstücken von Schaalenblende, Bleiglanz, Schwefelkies und Braunkohlen; die Zinkblende war feinsplittrig und faserig, der Dolomit stark zerfressen und von unregelmässigen Höhlungen durchzogen, in denen sich Galmei, Eisenocker und Halloysit, sowie häufig Bleiglanzkrystalle fanden; auch kam Gyps in einzelnen Partieen vor. Im Felde der Grube Bergmännische Freiheit führte eine mit 50 bis 70° nordwestlich einfallende Spalte von 0,3 bis 1,6 m Mächtigkeit, die sich bei 70 m Länge und 30 m Tiefe vollständig auskeilte, Galmei. In dem Felde Maiblume war ein von Ost nach West streichender, bis zu 1 m mächtiger Kalkspathgang aufgeschlossen; zwischen dessen stänglich krystallinischen Bändern von Kalkspath sich schmale Schnüre von Bleiglanz und Schaalenblende fanden.

Die günstigen Aufschlüsse auf der vorher erwähnten Grube Hannchen (Catharina) haben in neuerer Zeit die Wiederaufnahme des Bergbaues veranlasst. Auf Maria Meerstern wurden einzelne kleine Erzpartieen aufgeschlossen und auf Neue Hoffnung unregelmässig aufsetzende Galmeimittel, von denen eines 10 m lang und 1 bis 1,5 m mächtig war, und die nach allen Richtungen in Kalkstein übergingen, aufgefunden und abgebaut. Auf Carolinenzeche scheint eine 9 m mächtige Schichtenzone, die am Ausgehenden in dolomitischen Sand und sandigen Letten zersetzt ist, galmeiführend zu sein. Die Arbeiten haben noch keine ausreichenden Aufschlüsse über das Erzvorkommen ergeben.

Zu erwähnen ist endlich noch die Grube Hövel, wo eine 1 m mächtige Kalksteinschicht auf kurze Erstreckung Bleierze führte.

Grube Unverhofft bei Barmen.

In dem Kalksteinzuge des Wupperthales ist in der Nähe von Barmen noch ein nesterartiges Vorkommen von Galmei im Felde dieser Grube bekannt geworden, auf welcher eine unerhebliche Produktion stattgefunden hat.

D. Sonstige Erzvorkommen.

Am südlichen Abhange der Hardt nach dem Milchbornthale, in der unmittelbarsten Nähe von Bensberg verbreitet sich in einer Länge von 500 bis 600 m und in einer Breite von 50 bis 60 m eine grosse Zahl alter Pingen, welche nachweislich von einem Quecksilberbergbau herrühren. Schon im Jahre 1738 hat ein Hofrath Gumpertz die Berechtigung erlangt, im ganzen Herzogthum Berg Quecksilber zu gewinnen. Später ist das Quecksilbervorkommen vielfach gemuthet und verliehen worden; so namentlich im Jahre 1765 an eine Gewerkschaft Weck & Comp., welche bis gegen 1790 Betrieb geführt hat.

Nach einem Berichte des Kurpfälzischen Bergraths Dörring[1]) kamen die Quecksilbererze nieren- und nesterweise $^1/_4$ bis $^1/_2$ Zoll mächtig auf vielen den Grauwackensandstein durchsetzenden Klüften vor, und die Verleihungsurkunde vom Jahre 1765 beschreibt das Vorkommen in derselben Weise. Beuth[2]) führt 14 hier gesammelte Stufen verschiedener Quecksilbererze auf, meistens Zinnober, aber auch gediegenes Quecksilber. Es wurden mehrere Stollen getrieben und viele Schächte niedergebracht; die Erze wurden in einer Hütte im Milchbornthale, deren Lokalität noch heute Laboratorium genannt wird, zu Gute gemacht.

Nachdem im Jahre 1818 durch von Oeynhausen und Kotzenberg[3]) die Nachrichten über den stattgefundenen Betrieb zusammengestellt waren, wurden in den Jahren 1819 bis 1824 in kurzen Betriebsperioden einige Versuchsarbeiten auf Staatskosten ausgeführt. Nach dem Berichte des K. Bergamts zu Siegen vom 18. Mai 1825[4]) wurden einige alte Arbeiten aufgewältigt, dabei an mehreren Stellen $^1/_4$ bis $^1/_2$ Zoll mächtige Klüfte mit Zinnober und vielfach Zinnoberanflüge beobachtet, auch wurden einzelne lose Stufen mit $2^1/_2$ % Quecksilber gefunden. Neue Strecken in das anstehende Gestein innerhalb des Bereiches der alten Arbeiten, welche allein über die Häufigkeit der erzführenden Klüfte Aufschluss geben konnten, wurden nicht getrieben. Von der dem Vorkommen nicht entsprechenden Ansicht ausgehend, dass in dem Milchbornthale ein Gang aufsetzen müsse, von welchem die Erzführung herrühre, wurde aus einem 12 m tiefen Gesenke eine Strecke gegen Süden zur Aufsuchung dieses Ganges getrieben. Da diese Arbeit ohne Erfolg blieb, so wurden die Versuchsarbeiten eingestellt, ohne dass ein bestimmtes Resultat über die Bauwürdigkeit erreicht war. Das unzweifelhafte Vorkommen ziemlich reicher Erze und die grosse Ausdehnung der während eines langen Zeitraumes ge-

1) Bemerkungen der Kurpfälzischen physikalisch-ökonomischen Gesellschaft. 1775.
2) Beuth. Iuliae et Montium subterranea. 1776 und 1779.
3) Handschriftlich in den Akten des K. Oberbergamts zu Bonn.
4) Ebenfalls in den oberbergamtlichen Akten.

führten Betriebe dürften um so mehr für eine wiederholte Untersuchung dieses interessanten Erzvorkommens sprechen, als bei dem jetzigen Stande des Hüttenbetriebes auch arme Erze bauwürdig sind[1]).

V. Verwaltung und Berggesetzgebung.

Das Revier gehörte früher zu dem Geschworenenreviere Niederberg, welches mit dem Geschworenenreviere Oberberg das zum Bergamtsbezirke Siegen gehörende Bergmeistereirevier Berg bildete. Nach Wiederaufnahme des Bensberger Blei- und Zinkerzbergbaues wurde im Jahre 1853 aus einem Theile des Reviers Niederberg das Revier Bensberg gebildet, und weiter wurden im Jahre 1854 Theile der Reviere Oberberg und Bensberg zu einem neuen Reviere Solingen vereinigt. Zufolge Ministerialerlasses vom 10. Juli 1865 erfolgte sodann wiederum die Zusammenlegung der beiden Reviere Bensberg und Solingen (Düsseldorf) zu dem jetzigen Reviere Deutz mit dem Wohnsitze des Revierbeamten in Deutz.

Bis zum Erlass des Allgemeinen Berggesetzes vom 24. Juni 1865 galt als Provinzialgesetz die für das vormalige Herzogthum Berg nebst Unterherrschaften ergangene Jülich-Bergische Bergordnung vom 21. März 1719. (Vergl. Brassert, Bergordnungen der Preussischen Lande. Köln 1858. S. XL u. 761 ff.) Ausserdem fanden bis dahin subsidiarisch Anwendung das gemeine deutsche Bergrecht und gewisse Vorschriften des vom Bergwerksregal handelnden Abschnitts des Allgemeinen Preussischen Landrechts (Theil II Titel 16 §§ 69 bis 480). Endlich war der Bergbau des Revieres den neueren, theils für den ganzen Staat, theils nur für die rechtsrheinischen Landestheile erlassenen bergrechtlichen Vorschriften, insbesondere auch den seit dem Jahre 1851 ergangenen berggesetzlichen Novellen unterworfen. Französisches Bergrecht hat im Reviere nicht in Geltung gestanden.

Was die jetzigen Berechtigungsverhältnisse betrifft, so bestanden am Ende des Jahres 1881 21 Braunkohlenbergwerke, 540 Eisenerzbergwerke, 164 Blei-, Zink- und Kupfererzbergwerke und 1 Quecksilbererzbergwerk, im Ganzen 726 verliehene Bergwerke, darunter 2 Distrikts- und 19 Längenfelder,

---

1) Zu Idria hat im Jahre 1879 der Durchschnittsgehalt der verhütteten Quecksilbererze 1,04 % betragen; der Gehalt der Erze ging bis auf 0,42 % herab. Vergl. „Das Quecksilberbergwerk Idria zu Krain. Zur Erinnerung an die Feier des 300jährigen ausschliesslich staatlichen Besitzes. Herausgegeben von der K. K. Bergdirektion zu Idria“. Wien 1881.

die übrigen Geviertfelder. Die Felder, von denen viele durch Consolidation entstanden sind, nehmen einen Flächenraum von 1344 Quadratkilometern ein.

Von den verliehenen Bergwerken sind im Besitze von Aktiengesellschaften 172, von Aktien-Commanditgesellschaften 2, von sonstigen Alleineigenthümern 413, von Gewerkschaften des alten Rechts 64 und von Gewerkschaften des neuen Rechts 75.

Die Bergwerkssteuern werden nach den Gesetzen vom 12. Mai 1851 und 20. October 1862 mit zwei Prozent vom Bruttoertrage der Bergwerke (ein Prozent Bergwerksabgabe und ein Prozent Aufsichtssteuer), ausschliesslich der steuerfreien Eisenerzbergwerke, erhoben.

Das Revier brachte vom 1. Januar 1865 ab, als dem Zeitpunkte, mit welchem die Ermässigung der Bergwerksabgabe auf ein Prozent eintrat, an Bergwerkssteuern auf:

im Jahre 1865	. . . 15809	Mark
„ „ 1866	. . . 16762	„
„ „ 1867	. . . 18361	„
„ „ 1868	. . . 23260	„
„ „ 1869	. . . 22317	„
„ „ 1870	. . . 25029	„
„ „ 1871	. . . 23806	„
„ „ 1872	. . . 28218	„
„ „ 1873	. . . 27869	„
„ „ 1874	. . . 29471	„
„ „ 1875	. . . 30929	„
„ „ 1876	. . . 33876	„
„ „ 1877	. . . 35064	„
„ „ 1878	. . . 31630	„
„ „ 1879	. . . 26505	„
„ „ 1880	. . . 27638	„
„ „ 1881	. . . 24885	„

VI. Arbeiterverhältnisse. Knappschaftsverein.

Von den im Jahre 1881 beschäftigten Arbeitern waren 1366 unterirdisch und 982 über Tage, vorwiegend bei der Aufbereitung, beschäftigt und unter diesen letzteren waren 166 männliche und 10 weibliche jugendliche Arbeiter. Die Anzahl der Familienangehörigen der Arbeiter betrug 4596, so dass im Ganzen 6944 Menschen direkt durch den Bergbau ernährt wurden. Die Arbeiter bilden einen ansehnlichen Bruchtheil der Bevölkerung namentlich in den Gemeinden Bensberg, Herkenrath, Immekeppel, Hohkeppel, Overath.

Wenn auch der Blei- und Zinkerzbergbau, der die überwiegend grössere Zahl der Arbeiter beschäftigt, von den Conjunkturen des Metallhandels oft in einer bedrohlichen Weise beeinflusst wird, so hat sich derselbe doch ruhig und ziemlich gleichmässig entwickelt und ist von dem jähen, rapiden Aufschwunge und Niedergange, wie solche sich bei anderen Industriezweigen wiederholt gezeigt haben, nicht betroffen worden. Dieser Umstand ist von unzweifelhaft günstigem Einflusse auf die Arbeiterverhältnisse. Der Arbeiterstand besteht mit einzelnen Ausnahmen aus in der Gegend ansässigen Leuten, welche zum grossen Theile einen eigenen, wenn auch kleinen Grundbesitz haben und auch Ackerland anpachten, um sich die nothwendigsten Lebensbedürfnisse, namentlich Kartoffeln, selbst zu ziehen. Die Gesellschaft Altenberg hat an 64 Arbeiterfamilien Garten und Ackerland und zum Theil auch Wohnungen zu niedrigen Preisen verpachtet.

Durch diese günstigen Verhältnisse werden die den Lebensmittelpreisen gegenüber ziemlich niedrigen Löhne einigermassen ausgeglichen. Die seit einigen Jahren anhaltend niedrigen Metallpreise zwingen die Bergwerksbesitzer behufs Erhaltung der Lebensfähigkeit der Gruben zu Einschränkungen in dieser Beziehung. Im Jahre 1881 betrug der Durchschnittslohn der unterirdisch beschäftigten Arbeiter für die 8-stündige Schicht etwa 1,90 M.; die Gedinghäuer erreichten 2,10 bis 2,20 M.; Tagearbeiter verdienten bei 12-stündiger Schicht 1,50 M., jugendliche Arbeiter 0,90 bis 1,10 M. Arbeiterfamilien, welche mehrere verdienende Mitglieder haben, leben in recht guten Verhältnissen. Die Beschäftigung der jugendlichen Arbeiter beim Bergbau liegt daher im Interesse sowohl der Familien selbst, als auch des Bergwerksbetriebes bezüglich der Heranziehung eines geübten, tüchtigen Arbeiterstandes. Die Beschäftigung weiblicher jugendlicher Arbeiter sucht man indess möglichst einzuschränken, einmal wegen mancher sich dabei ergebender Unzuträglichkeiten, dann aber auch, um die Mädchen nicht von ihrer Ausbildung in der Führung eines einfachen Haushalts abzuhalten. Es ist auch hier eine allgemeine Erfahrung, dass die Frauen und Töchter der Arbeiter es selten verstehen, eine einfache und nahrhafte Kost, namentlich Suppen von Hülsenfrüchten, wie solche in den Volksküchen der Städte verabreicht werden, herzustellen; ihre Kochkunst beschränkt sich meistens auf kraftlose, der schweren Arbeit der Männer nicht angemessene Kartoffelbrühen. Es würde ohne Zweifel im Interesse der Arbeiterbevölkerung sein, wenn den heranwachsenden Mädchen in den einzelnen Gemeinden von Zeit zu Zeit Anweisung in der Bereitung billiger und nahrhafter Speisen ertheilt würde, was wohl nur mit geringen Kosten verbunden sein würde.

Bis zum Jahre 1857 gehörten die Bergarbeiter dem allgemeinen Siegenschen Knappschaftsvereine an. Am 1. October desselben Jahres trat in Folge der Reorganisation des Knappschaftswesens auf Grund des Gesetzes vom 10. April 1854 der jetzige Knappschaftsverein als selbstständiger Verein für die beiden, damals noch getrennten Reviere Bensberg und Solingen in's Leben; das Vereinsstatut erhielt unter dem 24. Juni 1857 die ministerielle Genehmigung.

Die Ergebnisse des Vereins, welcher später den Namen „Deutzer Knappschaftsverein" erhielt, sind in der unten S. 96 folgenden Tabelle zusammengestellt, wobei zu beachten ist, dass im Jahre 1869 die bis dahin dem Vereine angehörenden Arbeiter der Hohofenwerke zu Hochdahl und Friedrich-Wilhelmshütte bei Troisdorf aus demselben ausgeschieden sind. Andererseits gehören zu dem Knappschaftsvereine und zwar seit seiner Errichtung auch die im Oberbergamtsbezirke Dortmund an der Grenze des Reviers Deutz gelegenen Eisensteinbergwerke des Bergischen Gruben- und Hüttenvereins.

Das erste Statut vom 24. Juni 1857 ist im Laufe der Zeit vielfach, namentlich auch bezüglich der Eintheilung der Mitglieder, der Höhe der Beiträge und der zu gewährenden Unterstützungen, den veränderten Verhältnissen und Bedürfnissen entsprechend abgeändert worden. Seinen Sitz hatte der Verein ursprünglich in Deutz, gegenwärtig in Bensberg.

Nach dem jetzt geltenden Statut vom 13. Juni 1878 und den beiden Nachträgen vom 9. Juni 1879 und 20. December 1880 wird ausser den durch das Allgemeine Berggesetz festgesetzten Wohlthaten auch den Frauen und den Kindern unter 14 Jahren freie ärztliche Behandlung und Arznei gewährt.

Bei der Arbeit beschädigte oder sonst schwer erkrankte Bergleute werden in das Krankenhaus zu Bensberg aufgenommen; auch werden viele Kranke auf Kosten des Knappschaftsvereins in den Kliniken der Universität zu Bonn und einzelner Specialärzte zu Bonn und Köln behandelt. Am häufigsten sind Lungen-, Luftröhren- und Magenkatarrhe, sowie rheumatische Krankheiten; zum Theil wohl die Folge weiter Anfahrwege und des Fahrens der schon ziemlich tiefen Schächte. Epidemieen sind im Ganzen selten.

Der wegen der grossen Mächtigkeit der Lagerstätten und des sich dadurch entwickelnden starken Druckes ziemlich gefährliche Bergbau des Reviers erfordert leider manche Opfer. Die Zahl der tödtlichen Unglücksfälle (vergl. die unten S. 97 folgende Tabelle) erreicht indess nicht die Durchschnittsziffer anderer Erzreviere.

Neben dem Knappschaftsvereine bestanden früher bei den Gesellschaften Altenberg und Saturn noch besondere Familienkassen, zu welchen die Arbeiter und Arbeitgeber Beiträge leisteten. Seitdem aber der Knappschaftsverein auch den Familienmitgliedern freie Kur und Arznei gewährt, werden diese Familienkassen nicht weiter geführt; die Zinsen der angesammelten Kapitalien werden zu Unterstützungen in besonderen Nothfällen verwendet, und es beläuft sich

z. B. der Betrag derselben bei der Gesellschaft Altenberg zur Zeit auf monatlich 133 M.

In liberaler Weise gewähren auch die anderen Gesellschaften, sowie der Knappschaftsverein in Nothfällen ausserordentliche Unterstützungen.

Vielfach werden Kartoffeln, Saatkorn und Kohlen in grossen Quantitäten bezogen und den Arbeitern zum Selbstkostenpreise abgegeben.

Zu Steinenbrück haben 20 Arbeiter der Gesellschaft Altenberg in einem besonderen Gebäude Schlafstätten für monatlich 2 M. einschl. Brand und Licht. Auf einigen anderen Gruben, wo ein Theil der Arbeiter recht weite Anfahrwege hat, würde die Einrichtung von Schlafstätten ebenfalls sehr zu empfehlen sein. Ein Versuch, mit der erwähnten Schlafstätte zu Steinenbrück eine Menage zu verbinden, scheiterte an der Abneigung der Arbeiter.

Die als offene Geschäfte geführten Consumvereine zu Bensberg, Herkenrath, Immekeppel, Steeg kommen den Bergarbeitern ebenfalls zu Gute.

Während der Kriege der Jahre 1866 und 1870/71 wurden die Familien der einberufenen Arbeiter vielfach unterstützt; so gewährte die Gesellschaft Altenberg den Frauen derselben monatlich 6 M., jedem Kinde 1,50 M. und den Eltern, wenn letztere vom Verdienste des Arbeiters lebten, 6 M. Unterstützung.

Es ist im Allgemeinen rühmend anzuerkennen, dass die Arbeitgeber sich durchgängig angelegen sein lassen, das Loos ihrer Arbeiter möglichst zu bessern und in Nothfällen zu helfen.

Zu erwähnen ist noch, dass der Gesellschaft Altenberg auf der Pariser Ausstellung im Jahre 1867 der grosse Ehrenpreis von 9000 Fr. für ihre Einrichtungen zum Wohle der arbeitenden Klasse zuerkannt wurde, und die Zinsen dieses Kapitals abwechselnd auf den verschiedenen Etablissements der Gesellschaft an würdige Arbeiter und Aufseher vertheilt werden.

VII. Verkehrsverhältnisse.

Das Revier wird in seiner Länge von den in der Ebene liegenden Strecken Siegburg-Deutz, Friedrich-Wilhelmshütte-Düsseldorf und Deutz-Düsseldorf der unter der K. Eisenbahndirektion zu Köln (rechtsrheinisch) stehenden Eisenbahn durchzogen. Die für den Absatz der Produkte und den Bezug von Steinkohlen wichtigen Linien der Bergisch-Märkischen Eisenbahn: Deutz-Vohwinkel, Düsseldorf-Elberfeld-Rittershausen, Rittershausen-Remscheid, Lennep-Wipperfürth, Lennep-Opladen, Mülheim-Bensberg, schliessen das Bergland des Reviers auf. Der bevorstehende Ausbau der Aggerthallinie wird auch diesem Thale den lange ersehnten billigen Transportweg eröffnen.

Für die Bergwerke und die sonstigen Industiebetriebe des Sülzethales bleibt noch eine Verbindung mit der Station Bensberg der Bergisch-Märkischen Eisenbahn oder die Ausführung der projektirten Strassenbahn von Immekeppel über Rösrath nach Kalk zu wünschen.

VIII. Druckschriften und Ausarbeitungen.

1. Druckschriften.

Bruckmann. Magnalia Dei in locis subterraneis. Braunschweig 1727. II. Theil. Wolfenbüttel 1730.

Bemerkungen der Kurpfälzischen physikalisch-ökonomischen Gesellschaft. 1775 und 1777.

Beuth. Juliae et montium subterranea. Düsseldorf 1776 und 1779.

Mosch. Zur Geschichte des Bergbaues in Deutschland. 2 Bde. Liegnitz 1829.

Beyrich. Beiträge zur Kenntniss der Versteinerungen des rheinischen Uebergangsgebirges. Berlin 1837.

Ferd. Römer. Das rheinische Uebergangsgebirge. Hannover 1844.

Nöggerath. Die Entstehung und Ausbildung der Erde. Stuttgart 1847.

v. Huene. Das Vorkommen von Galmei, Blende, Bleierz, Schwefelkies und Braunkohlen bei Bergisch-Gladbach. Zeitschrift der deutschen geologischen Gesellschaft. Bd. IV S. 571 ff.

v. Dechen. Geognostische Beschreibung des Siebengebirges. Bonn 1852.

v. Cotta. Lehre von den Erzlagerstätten. Freiberg 1859 und 1861.

v. Mülmann. Statistik des Regierungsbezirks Düsseldorf. Iserlohn 1864.

v. Dechen. Orographisch-geognostische Uebersicht des Regierungsbezirks Düsseldorf. Iserlohn 1864.

Zincken. Die Physiographie der Braunkohle. Hannover 1867.

Fuhlrott. Die Höhlen und Grotten in Rheinland-Westfalen. Iserlohn 1869.

v. Dechen. Erläuterungen zur geologischen Karte der Rheinprovinz und der Provinz Westfalen etc. Erster Band. Orographische und hydrographische Uebersicht. Bonn 1870.

v. Dechen. Die nutzbaren Mineralien und Gebirgsarten im deutschen Reiche. Berlin 1873.

Dornbusch. Die Kunstgilde der Töpfer in der abteilichen Stadt Siegburg und ihre Fabrikate. Köln 1873.

G. Meyer. Der mitteldevonische Kalk von Paffrath. Inaugural-Dissertation. Bonn 1879.

Alphons Thun. Die Industrie am Niederrhein und ihre Arbeiter. Leipzig 1879.

Verhandlungen des naturhistorischen Vereins der Preussischen Rheinlande und Westfalens. Jahrgänge 1857, 1859, 1866, 1872, 1873, 1874, 1875, 1878. Mittheilungen von Andrä, Schaaffhausen, Fuhlrott, v. Lassaulx, Cornelius, Buff.

Schlüter. Ueber einige Anthozoen des Devon. (Verhandlungen des naturhistorischen Vereins etc. 1881.)

Burgatzki. Die Stromatoporen des rheinischen Devons. (Ebendaselbst.)

2. Ungedruckte Ausarbeitungen.

(In der Registratur des Königlichen Oberbergamts zu Bonn.)

Stöckicht. Grubenaufstand von der Eisensteingrube Catharinenglück bei Dürscheid 1815.

v. Oeynhausen und Kotzenberg. Geognostische Verhältnisse des bei Bensberg und Volberg vorkommenden Sandsteins. 1818.

Dieselben. Ueber den alten, auflässig gewordenen Quecksilberbergbau bei Bensberg. 1818.

Dieselben. Grubenaufstand von den Braunkohlengruben bei Bensberg und Bergisch-Gladbach. 1818.

Schmidt. Aufstand über die Versuchsarbeiten auf Quecksilber bei Bensberg. 1825.

Schmidt. Vorkommen von Alaunschiefer und Anthrazit bei Burg a. d. Wupper. 1825.

v. Dechen. Geognostische Notizen über das rechte Gehänge des Rheinthals zwischen Wupper und Ruhr. 1846.

Girard. Geognostische Beobachtungen auf einer Untersuchungsreise im rheinisch-westfälischen Uebergangsgebirge. 1847.

Derselbe. Reisebericht über geognostische Verhältnisse im westfälischen Uebergangsgebirge. 1848.

v. Dechen. Bemerkungen über die geognostischen Verhältnisse der Umgegend von Elberfeld. 1849.

Girard. Geognostische Untersuchungen im niederrheinischen Gebirge. 1850.

Becker. Bericht über die Untersuchung der Gegend von Iserlohn, Elberfeld und Solingen. 1851.

Barth. Beschreibung des Gebirgsstücks von der Grauwacke bis zum Steinkohlengebirge von der Märkischen Grenze bis zur Anlage des Beckershoff bei Mettmann. 1852.

M. Nöggerath. Geognostisch-mineralogische Beschreibung der Blei-, Zink-,

Kupfer- und Nickelerz führenden Gänge in der Nähe des Aggerthals bei Overath. 1855.
Fabricius. Grubenaufstand von der Grube Julien bei Bensberg. 1855.
Derselbe. Geognostisch-mineralogische Beschreibung des Galmeivorkommens im Reviere Bensberg. 1855.
Blees. Bergmännischer Aufstand von der Grube Washington. 1856.
Bilharz. Geognostische Beschreibung der Grube Apfel. 1856.
v. Ammon. Geognostisch-mineralogische Beschreibung der Grube Blücher. 1863.
Meyer. Desgl. der Grube Washington. 1863.
Müller. „ der Grube Lüderich. 1863.
Ditges. „ der Grube Berzelius. 1863.
Heyder. „ der Grube Bergsegen. 1867.
Leybold. „ der Gruben Apfel, Berzelius und Columbus. 1877.
Pörting. „ der Grube Castor. 1879.

IX. Statistik.

1. Bergwerksproduktion, Geldwerth derselben und

Jahr.	Zahl der Arbeiter	Braunkohlen Ctr.	Braunkohlen M.	Eisenerze: Braun- u. Thoneisenstein Ctr.	Eisenerze: Spatheisenstein Ctr.	Eisenerze: Raseneisenstein Ctr.	Eisenerze: Im Ganzen Ctr.	Eisenerze: Gesammtwerth M.
1853	1085	121 923	11 760	376 851	—	—	376 851	114 144
1854	1353	142 818	13 077	348 311	—	—	348 311	131 028
1855	1634	150 744	14 415	312 274	—	—	312 274	133 695
1856	1595	213 612	19 725	559 215	503	420	560 138	228 930
1857	1750	229 308	21 063	465 910	1 183	3 555	470 648	232 752
1858	2338	199 308	18 612	786 438	330	2 007	788 775	448 872
1859	1486	127 896	10 863	273 177	—	5 406	278 583	73 029
1860	1714	225 897	24 846	103 992	—	—	103 992	20 430
1861	1911	292 935	38 589	205 017	—	—	205 017	41 847
1862	2045	309 273	37 791	458 944	121	—	459 065	97 839
1863	1923	346 818	33 411	419 654	182	—	419 836	93 816
1864	1961	370 743	35 790	419 424	544	—	419 968	117 210
1865	2040	357 735	34 881	374 252	2 610	—	376 862	109 710
1866	2005	357 651	34 164	240 144	10 997	—	251 141	157 227
1867	1704	504 168	48 975	153 511	31 059	—	184 570	51 378
1868	2168	509 190	48 726	161 235	—	—	161 235	38 160
1869	2023	313 524	24 948	214 652	—	—	214 652	53 664
1870	1863	290 914	23 844	281 964	1 250	—	283 214	63 747
1871	2107	348 969	32 373	163 911	34 800	—	198 711	113 628
1872	2159	474 047	41 892	270 400	53 900	—	324 300	210 750
1873	2093	554 159	56 289	387 988	11 286	—	399 274	187 701
1874	2123	607 596	61 527	193 853	21 670	—	215 523	64 773
1875	2201	581 958	47 291	68 406	127 832	—	196 238	100 193
1876	2266	467 453	33 518	48 048	25 240	—	73 288	30 480
1877	2346	455 376	29 079	27 647	19 000	—	46 647	19 764
1878	2256	389 883	23 920	1 144	1 175	—	2 319	813
1879	2258	302 317	18 576	65 100	—	—	65 100	21 395
1880	2361	4 437	273	314 108	—	—	314 108	104 617
1881	2348	—	—	335 100	—	—	335 100	93 777
Im Ganzen	—	9 250 652	840 218	8 030 670	343 682	11 388	8 385 740	3 155 369

1) Die unter den Zinkerzen enthaltene Galmeiproduktion betrug

im Jahre 1853 9 704 Ctr. zum Werthe von 6 600 M.
„ „ 1854 17 251 „ „ „ „ 16 062 „
„ „ 1855 18 984 „ „ „ „ 14 760 „
„ „ 1856 169 „ „ „ „ 132 „
„ „ 1879 8 812 „ „ „ „ 6 169 „
„ „ 1880 18 120 „ „ „ „ 19 884 „
„ „ 1881 35 997 „ „ „ „ 65 140 „

mithin die Gesammtproduktion an Galmei 109 037 Ctr. zum Gesammtwerthe von 128 747 M. Die ganze übrige Zinkerzproduktion bestand aus Blende.

Zahl der Arbeiter während der Jahre 1853 bis 1881.

Zinkerze [1])		Bleierze		Kupfererze		Schwefelkies		Nickelerze		Gesammtwerth der Produktion [2])
Ctr.	M.	Ctr.	M.	Ctr.	M.	Ctr.	M.	Ctr.	M.	M.
55 073	50 688	2 893	16 032	—	—	3 524	144	—	—	192 768
101 586	97 962	5 210	33 477	269	624	—	—	—	—	276 168
198 812	276 900	19 671	151 128	319	1 098	—	—	99	3 018	580 254
214 035	290 508	40 185	344 973	1 087	3 177	—	—	—	—	887 313
255 470	372 408	35 685	276 060	1 039	6 693	—	—	—	—	908 976
272 097	681 453	62 294	529 356	1 247	3 723	—	—	—	—	1 682 016
212 846	319 263	63 957	414 252	464	1 122	—	—	—	—	818 529
264 130	396 201	53 046	384 324	3 269	13 584	—	—	—	—	839 385
280 675	421 059	53 333	379 617	4 064	15 087	500	249	—	—	896 448
269 347	405 945	53 576	384 147	6 848	23 877	317	159	—	—	949 758
326 528	485 553	52 074	392 421	2 764	10 362	—	—	729	10 209	1 025 772
367 179	734 349	57 198	452 790	1 590	6 885	100	51	—	—	1 347 075
368 775	642 024	54 747	415 254	2 426	6 459	1 500	1 500	—	—	1 209 828
349 568	611 745	64 225	497 403	2 655	6 534	—	—	—	—	1 307 073
344 514	705 648	61 065	473 700	1 148	2 826	—	—	—	—	1 282 527
346 432	776 706	71 873	637 704	1 525	3 813	—	—	984	14 796	1 519 905
389 351	873 516	64 596	553 965	28	75	—	—	508	3 471	1 509 639
375 205	839 310	97 508	734 931	3 609	1 272	—	—	—	—	1 663 104
355 024	687 102	106 788	814 989	14	36	—	—	—	—	1 648 128
340 396	794 166	113 253	890 451	44	111	—	—	—	—	1 937 370
310 438	844 638	109 694	788 328	—	—	—	—	—	—	1 876 956
375 981	996 339	100 657	793 932	—	—	1 000	1 251	—	—	1 917 822
359 496	916 715	116 118	964 204	381	1 836	—	—	—	—	2 030 239
381 684	1 011 545	126 488	1 061 596	1 059	2 412	—	—	—	—	2 139 551
406 626	1 000 799	142 932	1 207 378	479	1 124	—	—	—	—	2 258 144
381 457	857 486	150 620	1 209 262	90	203	—	—	—	—	2 091 684
435 238	853 428	133 709	970 238	166	249	—	—	—	—	1 863 886
434 857	940 119	129 238	932 570	209	314	—	—	—	—	1 977 893
465 023	982 219	99 682	782 030	151	676	—	—	—	—	1 858 702
9 237 843	18 865 794	2 242 315	17 486 512	36 944	114 172	6 941	3 354	2 320	31 494	40 496 913

2) Ausserdem wurde Alaunthon gewonnen

im	Jahre	1854	23 667	Ctr.	zum	Werthe	von	330 M.
„	„	1855	22 926	„	„	„	„	318 „
„	„	1856	26 886	„	„	„	„	372 „
„	„	1857	23 970	„	„	„	„	333 „
„	„	1858	21 495	„	„	„	„	297 „
„	„	1859	7 860	„	„	„	„	108 „
„	„	1860	12 030	„	„	„	„	168 „
„	„	1861	16 275	„	„	„	„	225 „
„	„	1862	17 865	„	„	„	„	600 „
„	„	1863	18 585	„	„	„	„	258 „
„	„	1864	16 680	„	„	„	„	231 „

2. Produktion der Braunkohlenbergwerke in den Jahren 1853 bis 1881.

Namen der Bergwerke	Ctr.
Gladbacher Gruben	7 566 629
Neufeld	1 076 783
Johannisberg	598 002
Sonntagskind	6 690
Freie Presse	2 236
Julius Cäsar	312

3. Produktion der Eisenerzbergwerke in den Jahren 1853 bis 1881.

Namen der Bergwerke	Braun- u. Thon-eisenstein Ctr.	Spath-eisenstein Ctr.
Luther	4 768 803	—
Vereinigung	1 954 832	—
Schnepfenthal	—	329 609
Catharina	243 035	—
Eduard und Amalia	217 605	—
Prinz Wilhelm	148 682	—
Wahnerheide	126 258	—
Britannia	64 078	—
Hermann	—	8 600
Quirin	6 248	—
Vollbach	5 380	—
Henriette	—	2 037
Friedrichshammer	—	852
Sonstige Gruben	495 848	12 584

4. Produktion der Zink-, Blei-, Kupfer- u. Nickelerzbergwerke im Lenneschiefer in den Jahren 1853 bis 1881.

Namen der Bergwerke	Blende Ctr.	Bleierze Ctr.	Kupfererze Ctr.
Apfel	799 469	339 325	7 943
Berzelius	927 656	292 836	97
Blücher	1 578 707	173 610	2 689
Leopold von Buch	243 410	25 993	—
Gallilei	128 182	2 895	—
Julien	72 524	16 018	—
Jungfrau	97 582	6 255	—
Washington	696 612	179 753	228
Cons. Weiss	1 395 922	130 206	100
Georg Forster	1 088	3 663	—
James Watt	180	2 267	—
Versöhnung	205	5 442	336[1])
Lüderich	2 469 258	141 758	6
Bergsegen	292 543	44 081	23
Castor	260 593	701 769	304
Uhland	73 687	9 195	—
Hermannsfreude	1 655	3 509	—
Gustav Bischof	7 237	401	45
Wallenstein	—	1 364	—
Aurora	—	1 197	—
Anacker	—	4	148
Heiligenthal	—	311	198
Schnepfenthal	12	21	150
Leibnitz	—	—	3 703
Rudolfus	—	—	369
Hortensia	19 899	1 428	3 010
Grubenkittel	181	188	6 033
Schlofköpp	52	—	777
Schubert	—	1 586	8 869
Frühstück	—	88	899
Walpot	—	—	625
Nöggerath	9 055	7 663	309
Moritz	5 310	115	—
Plinius	—	832	—
Wolter Plettenberg	—	—	50
Ziethen	25 994[2])	47 931[2])	137
Danielszug	—	—	52
Carolinagrube	—	—	90

5. Produktion der Zink- und Bleierzbergwerke im Elberfelder Kalkstein in den Jahren 1853 bis 1881.

Namen der Bergwerke	Galmei Ctr.	Bleierze Ctr.
Hannchen (Catharina)	59 527	104 047
Maria Meerstern	24 675	—
Neue Hoffnung	8 097	—
Bergmännische Freiheit	8 014	—
Margaretha Josepha	3 679	—
Humboldt	2 005	—
Wilhelminenzeche	1 950	—
Carolinenzeche	1 000	390
Unverhofft	90	—

1) Ausserdem wurden auf der Grube Versöhnung 2320 Ctr. Nickelerze gewonnen.

2) Auf sonstigen Gruben wurden ausserdem noch etwa 13 000 Ctr. Blende und etwa 3 500 Ctr. Bleierze gefördert.

6. Dampfkessel.

Feststehende	Lokomobilen	Im Ganzen	Betriebszweck: Förderung	Betriebszweck: Wasserhaltung u. Förderung	Betriebszweck: Aufbereitung	Betriebszweck: Wasserhaltung, Förderung und Aufbereitung	Maximaldampfdruck (Atmosphären): 10	6	5	4	3	Construktion: Walzenkessel	Walzenkessel mit Siedern	Engröhrige Siederohrkessel	Flammrohrkessel	Flammrohrkessel mit Quersiedern	Feuerbüchsenkessel mit Heizröhren	Feuerung: Unterfeuerung	Zwischenfeuerung	Innenfeuerung	Gemischte Feuerung
56	12	68	11	32	18	7	3	9	30	19	7	9	37	4	5	1	12	12	34	6	16

7. Dampfmaschinen.

Feststehende	Lokomobilen	Im Ganzen	Betriebszweck: Wasserhaltung	Betriebszweck: Förderung	Betriebszweck: Wasserhaltung und Förderung.	Betriebszweck: Aufbereitung	Condensation: Mit	Condensation: Ohne	Expansion: Mit	Expansion: Ohne	rotirende Welle: Mit	rotirende Welle: Ohne	Cylinder: 1	Cylinder: 2	Cylinder: wagerecht	Cylinder: senkrecht	Leistungsfähigkeit Pferdekräfte
46	5	51	15	20	4	12	11	40	13	38	43	8	45	6	40	11	1439

8. Arbeitsmaschinen der Aufbereitungsanstalten.

Pochwerke	Zahl der Stempel	Steinbrecher	Walzwerke: Grobw.	Walzwerke: Feinw.	Läuter- und Separationstrommeln	Klassificateure	Spitzkastenapparate	Setzkasten, hydraulische, continuirlich arbeitende	Setzkasten, hydraulische, nicht continuirlich arbeitende	Roundbuddles	Rotirende Herde	Schlammgräben	Stossherde, Rittingersche Herde
2	40	11	10	8	39	4	10	147	11	8	17	8	2

9. Knappschaftsverein des Reviers Deutz. Ergebnisse der Jahre 1858 bis 1881.

Jahr	Zahl der Mitglieder	Einnahme. Beiträge der Werksbesitzer M.	Beiträge der Mitglieder einschl. Eintritts- u. Freischichtengeld M.	Zinsen, Strafgelder, sonstige Einnahmen M.	Im Ganzen M.	Ausgabe. Für Gesundheitspflege. Kur- und Arzneikosten. Krankenlöhne. M.	Unterstützungen der Invaliden M.	der Wittwen M.	der Waisen M.	Ausserordentliche Unterst. und Begräbnisskosten M.	Sonstige Ausgaben M.	Im Ganzen M.
1858	2 811	27 606	28 897	1 162	57 665	30 826	—	43	96	314	6 584	37863
1859	2 209	21 804	25 593	3 234	50 631	34 291	245	346	354	975	8 507	44718
1860	2 563	13 811	30 089	3 723	47 623	32 579	492	547	545	1 782	7 489	43434
1861	2 903	14 905	31 836	1 477	48 218	37 059	948	780	880	2 457	5 155	47279
1862	2 877	14 105	29 870	1 622	45 597	30 765	1 411	915	1 070	1 707	5 054	40922
1863	2 913	14 434	30 330	2 029	46 793	31 710	1 467	908	1 350	1 628	5 193	42256
1864	2 887	14 429	30 594	1 599	46 622	39 348	1 781	1 188	1 765	1 991	6 240	52313
1865	2 811	15 084	32 096	2 019	49 199	36 756	2 489	1 513	2 181	1 914	4 742	49595
1866	2 812	14 613	31 000	2 127	47 740	34 507	2 866	1 887	2 415	2 092	4 632	48399
1867	2 723	14 516	30 909	1 827	47 252	31 975	3 510	2 287	3 144	2 620	4 992	48528
1868	2 701	15 445	32 654	2 311	50 410	31 542	4 121	2 546	3 540	2 613	5 344	49706
1869	2 079	11 316	23 984	4 753	40 053	23 800	4 268	3 072	3 595	1 899	4 223	40857
1870	1 991	10 452	22 340	3 962	36 754	23 426	4 951	3 310	3 804	2 605	4 169	42265
1871	1 994	15 769	25 555	3 572	44 896	20 973	5 577	3 822	4 227	2 356	8 679	45634
1872	2 124	16 930	27 712	3 416	48 058	23 114	6 069	3 981	4 825	3 102	4 549	45640
1873	2 102	18 651	30 327	3 335	52 313	22 421	5 893	4 678	4 539	2 898	4 849	45278
1874	2 065	17 820	28 777	3 113	49 710	21 039	6 044	4 983	4 410	3 300	3 728	43504
1875	2 079	18 519	26 308	6 812	51 639	24 909	6 524	5 033	4 581	4 137	3 672	48856
1876	2 165	18 977	30 663	3 719	53 359	27 340	7 678	5 629	4 806	3 082	4 036	52571
1877	2 249	20 324	32 389	3 552	56 265	26 344	8 651	6 415	4 935	3 038	4 075	53458
1878	2 259	22 365	39 190	3 439	64 994	32 167	9 148	6 783	4 808	3 452	5 683	62041
1879	2 284	23 671	44 930	3 178	71 779	42 730	10 631	7 588	4 985	3 742	4 671	74347
1880	2 355	25 500	48 082	3 212	76 794	41 394	10 511	8 125	5 376	2 672	4 040	72118
1881	2 372	25 227	47 511	3 427	76 165	39 228	10 721	8 723	5 083	2 520	3 863	70138

10. Unglücksfälle mit tödtlichem Ausgange in den Jahren 1854 bis 1881.

Jahr	Bei der Schiessarbeit	Durch Steinfall	In Schächten: auf der Fahrt	In Schächten: bei ausnahmsweisem Fahren am Seil	In Schächten: bei regelmässig eingerichteter Seilfahrt	In Schächten: durch Sturz in Schächte	In Schächten: durch Sturz in Gesenke, Rolllöcher	In Schächten: durch den Förderkorb	In bösen Wettern	Durch Maschinen	Auf sonstige Weise	Ueber Tage	Im Ganzen	Unter 1000 Arbeitern	Auf einen verunglückten Arbeiter fällt eine Produktion von Ctr.	Auf einen verunglückten Arbeiter fällt ein Produktionswerth von M.
1854	—	—	1	—	—	1	—	—	—	1	—	—	3	2,217		
1855	—	1	1	—	—	1	—	—	—	—	—	—	3	1,836		
1856	—	3	—	—	—	1	—	—	—	—	—	—	4	2,492		
1857	—	—	—	—	—	—	—	—	—	—	1	—	1	0,571		
1858	1	—	—	—	—	—	—	—	—	—	—	—	1	0,427		
1859	—	—	—	—	—	2	—	—	—	—	—	—	2	1,386		
1860	—	1	1	—	—	1	—	—	—	—	—	—	3	1,679		
1861	—	—	—	—	—	—	—	—	—	—	—	—	—	—		
1862	—	1	—	—	—	—	—	—	—	1	—	—	2	0,98		
1863	—	3	—	—	—	—	—	—	—	—	—	—	3	1,568		
1864	—	1	—	—	—	—	—	—	—	—	—	—	1	0.509		
1865	—	1	—	—	—	—	—	—	—	—	—	—	1	0,467		
1866	1	2	—	—	—	—	—	—	—	—	—	—	3	1,496		
1867	1	—	—	—	—	—	—	1	—	—	—	—	2	1,173		
1868	2	—	—	—	—	—	1	—	—	—	1	—	4	1,845		
1869	—	—	—	—	—	—	—	—	2	1	—	—	3	1,482		
1870	—	—	—	—	—	1	—	—	—	—	—	—	1	0,536		
1871	—	—	—	—	—	—	—	—	1	—	—	—	1	0,474		
1872	—	2	1	—	—	—	—	—	—	—	—	—	3	1,383		
1873	—	1	—	—	—	1	—	—	—	—	—	—	2	0,955		
1874	—	2	—	1	—	—	—	—	—	1	—	—	4	1.884		
1875	—	—	—	—	—	—	—	—	—	—	—	—	—	—		
1876	—	1	—	—	—	—	—	—	—	1	—	—	2	0,883		
1877	1	1	—	—	—	—	—	—	—	1	—	1	4	1,705		
1878	—	3	—	1	—	1	—	—	—	—	—	1	6	2,659		
1879	—	—	—	—	—	1	1	1	—	—	—	—	3	1,328		
1880	1	—	—	—	—	—	—	1	—	—	—	—	2	0,847		
1881	—	—	—	—	3	1	—	1	—	—	1	—	6	2,555		
Im Durchschnitt														1,242	413 977	575 652

Inhalts-Verzeichniss.

Universitäts-Buchdruckerei von Carl Georgi in Bonn.

Universiäts-Buchdruckerei von Carl Georgi in Bonn.

www.ingramcontent.com/pod-product-compliance
Lightning Source LLC
LaVergne TN
LVHW060621300926
849162LV00008B/1669